Ricardo Morais

Tópicos em Teoria dos Conjuntos

Editora Ciência Moderna

Editor: Paulo André P. Marques
Produção Editorial: Dilene Sandes Pessanha
Capa: Daniel Jara
Copidesque: Equipe Ciência Moderna

FICHA CATALOGRÁFICA

MORAIS, Ricardo Moacir Gonçalves de.

Tópicos em Teoria dos Conjuntos

Rio de Janeiro: Editora Ciência Moderna Ltda., 2025.

1. Matemática
I — Título

ISBN: 978-65-5842-413-0 CDD 510

Editora Ciência Moderna Ltda.
R. Alice Figueiredo, 46 – Riachuelo
Rio de Janeiro, RJ – Brasil CEP: 20.950-150
Tel: (21) 2201-6662/ Fax: (21) 2201-6896
E-MAIL: LCM@LCM.COM.BR
WWW.LCM.COM.BR **01/25**

para Estela
esposa e eterna companheira

PREFÁCIO

Este livro nasceu de uma coleção de notas de aula para um curso introdutório à Teoria dos Conjuntos, para pós-graduação, ministrado por mim na Universidade Federal do Rio de Janeiro, durante o segundo semestre de 1976.

A ideia do curso surgiu de uma constatação de que várias noções matemáticas, oriundas da Teoria dos Conjuntos, quando são mencionadas em outras áreas, não têm sua importância devidamente caracterizada, seja por despreparo do professor, ou, o que é mais comum, porque a ênfase é dada às aplicações e não à noção em si.

Por exemplo, a mais conhecida e discutida destas noções - o Axioma da Escolha - me foi apresentado envolto em certa aura de mistério e interrogações: de repente, em uma aula de álgebra, o professor mencionou o fato de que o Lema de Zorn é equivalente ao Axioma da Escolha. E colocou no quadro um enunciado que, como todo bom postulado, é intuitivamente correto. Mas nada mais foi dito sobre o novo personagem. E enquanto a aula prosseguia, na minha cabeça vinham perguntas:

- e os outros axiomas, porque não são mencionados também?
- que de especial tem esse aí, para estar assim em evidência?
- porque ele precisa ser admitido como axioma?

E assim como aconteceu com o Axioma da Escolha, o mesmo se deu com a Hipótese do Continuum, o princípio de indução, as definições de número natural, de número ordinal e cardinal, e a própria noção de conjunto, em geral admitida como primitiva, quando na realidade pode ser definida sem ambiguidades.

O livro foi, deste modo, desenvolvido no sentido de esclarecer exatamente esses pontos, através de uma linguagem mais coloquial possível, a fim de que sua leitura fosse simples e prática. Porém, dada a própria natureza das questões propostas, uma certa dose de formalismo teve de ser empregada. Assim, o livro acabou ficando em um nível intermediário entre o escolhido por Paul R. Halmos em seu "Naive Set Theory" e o "Axiomatic Set Theory" de Patrick Suppes.

O texto fica, portanto, com dupla função: como consulta para aqueles curiosos acerca dos fundamentos da matemática, ou como livro-texto de um curso de pós-graduação, já que foi esta sua origem. Neste último contexto, deixamos, propositadamente, várias demonstrações incompletas, que ficam como exercício para o leitor, com a garantia de que todo o ferramental necessário para as demonstrações se encontra presente.

Quero agradecer, de público, a inestimável ajuda do amigo e professor Paulo Esteves, que enfrentou incansavelmente a penosa tarefa de revisão, além de ter, em diversos pontos, sugerido alterações do texto, que foram, evidentemente, bem aceitas. Por último, mas igualmente importante, agradeço a ajuda fundamental de meu amigo Tiago Alves que resolveu vários problemas que enfrentei com o compilador de LaTeX, para os quais eu não encontrava a solução.

Ricardo Morais

SUMÁRIO

Capítulo 1

A DEFINIÇÃO DE CONJUNTO

1.1 Um pouco de história

Entre 1874 e o final do século 19, o alemão George Cantor publicou uma série de trabalhos considerados como o início da Teoria dos Conjuntos. Em um destes trabalhos [6] Cantor apresentou sua definição de conjunto como **"cada coleção de objetos distintos e definidos, de nossa percepção ou de nosso pensamento, considerados como um todo"**. No original se lê: "Unter eine Menge verstehen wir jede Zusammenfassung M von bestimmten wohlunterschiedenen Objecten m unsrer Anschauung oder unseres Denkens (welche die Elemente von M gennant werden) zu einem Ganzen."

Por essa época, havia na Europa um movimento geral, em matemática, no sentido de se tentar uma unificação dos diversos ramos que até então caminhavam independentemente. Baseada nos trabalhos de Cantor e de outro alemão, Gottlob Frege, que havia escrito um livro [10] com uma formalização da Teoria dos Conjuntos, esta unificação foi aparentemente atingida, e parecia tão satisfatória que, em 1900, no Congresso Internacional de Matemática, em Paris, Poincaré, o líder matemático da época, orgulhosamente comunicava a todos que o edifício da matemática era agora um só, e que se poderia seguir com as pesquisas na certeza de que as bases estavam solidamente construídas.

Apenas dois anos depois, em 1902, o inglês Bertrand Russell descobriu que uma contradição podia ser construída dentro da Teoria dos Conjuntos, e comunicou este fato a Frege por carta. Para Frege foi um golpe extremamente duro, mormente porque o segundo volume de seu trabalho ainda estava sendo impresso. Este segundo volume foi mesmo assim publicado em 1903, mas trazia agora uma nota na qual o autor lamentava profundamente o ocorrido, mas não apresentava uma solução para o problema.

O paradoxo encontrado por Russell explorava a fragilidade do **Axioma da Abstração**, presente no trabalho de Frege, o qual, por sua vez, se baseava na definição de conjunto de Cantor, que permite chamar de conjunto praticamente qualquer coleção. O Axioma da Abstração constrói o conjunto $\{x \;/\; \varphi(x)\}$, onde $\varphi(x)$ é **qualquer** propriedade da variável x. O paradoxo de Russell é o seguinte:

Seja A o conjunto de todos os conjuntos x que não sejam elementos de si mesmos. Em símbolos: $A = \{x \;/\; x \notin x\}$.

O problema começa quando tentamos achar o lugar de A: ou A é elemento de A, ou não é. Se $A \in A$, então A deve satisfazer a única condição para estar em A, ou seja: $A \notin A$. Contradição. Se, por outro lado, $A \notin A$, então A satisfaz a única propriedade que o define, ou seja: $A \in A$ Contradição de novo. Em resumo:

$$A \in A \text{ se e somente se } A \notin A$$

O leitor, neste momento, deve estar se perguntando se existe algum conjunto fora de A. Um primeiro exemplo é V o conjunto de todos os conjuntos. Outro exemplo poderia ser: $P100$: o "conjunto dos conjuntos definidos por uma frase, em português, com menos de 100 palavras". É óbvio que, tanto V quanto $P100$ são elementos deles mesmos, ou seja: nenhum dos dois pertence ao conjunto A do paradoxo de Russell.

Neste ponto é interessante destacar a definição do conjunto V, mencionado acima.

Definição: Chamamos de **UNIVERSO** o conjunto V de todas as coleções possíveis.

Por exemplo: são elementos do Universo, as bananas de um cacho, as palavras de um dicionário, os números primos menores que 100, ou ainda as funções reais contínuas em $[0, 1]$. É evidente que serão objetos da matemática apenas coleções como os dois últimos exemplos.

De volta ao tema do paradoxo, sabe-se que o próprio Cantor já havia descoberto um paradoxo de conjuntos: Em um de seus trabalhos [5], ele provou que dado qualquer conjunto A, o conjunto $\mathbb{P}(A)$ dos subconjuntos de A é um conjunto diferente e maior que A. O paradoxo aparece quando colocamos no lugar de A o conjunto de todos os conjuntos, o Universo, que é o maior de todos os conjuntos.

O curioso é que Cantor mencionou este último paradoxo a Frege, que não o levou muito a sério, porque ele apenas mostrava que alguma coisa existia de errado quando alguém se aventurava além dos limites do conhecimento, ou seja: se a matemática fosse restrita a seu campo natural tudo correria bem. Esta postura, aliás, reflete bem o fato de que, na época, não se dava ainda muita importância ao excessivo rigor

- coisa hoje considerada fundamental - e que, embora já se tentasse formalizar o pensamento, certa dose de intuição ainda era permitida.

Mas, enquanto o paradoxo de Cantor era muito técnico, a contradição encontrada por Russell era incrivelmente simples. Nenhum artifício era necessário para consegui-la. Era como se, ao começar a listagem dos teoremas, o primeiro deles, derivado diretamente dos axiomas, fosse falso. Ficava claro, então, que o problema localizava-se no cerne da teoria, que precisaria agora ser inteiramente revista.

1.2 Outros paradoxos

Historicamente outros paradoxos andaram atormentando as mentes humanas. Cerca de 600 anos antes de Cristo, o cretense Epimênides afirmava: "eu estou mentindo", o que o levava a um círculo vicioso sem saída, pois a afirmação é verdadeira, se e somente se, for mentirosa.

Outro paradoxo, deste mesmo tipo, os chamados **paradoxos semânticos**, foi criado em 1908 por Kurt Grelling e Leonard Nelson, definindo os **adjetivos heterológicos**: um adjetivo A é heterológico se a frase "A é um adjetivo A" for falsa. "Azul", por exemplo, é heterológico, já que adjetivos não têm cor. Por outro lado, "abstrato" e "polissílabo" não são heterológicos, uma vez que o primeiro é, de fato, um adjetivo abstrato, enquanto o segundo tem realmente mais de 3 sílabas.

O problema começa quando se tenta classificar a própria palavra heterológico, que também é um adjetivo, pois imediatamente se conclui que "heterológico" é um adjetivo heterológico, se e somente se, não for. Estes paradoxos existem porque se dá liberdade demais à linguagem de expressão.

A saída, **na matemática**, para evitar os paradoxos como o de Russell e os semânticos, deve seguir os seguintes critérios: 1. Criar uma teoria axiomatizada, com a linguagem de expressão cuidadosamente definida, de modo a evitar os paradoxos semânticos e 2. Definir como conjuntos **apenas** aquelas coleções construídas dentro da teoria.

Com a estratégia definida, várias soluções apareceram.

Uma delas é a Teoria dos Conjuntos de Gödel-Bernays (GB), na qual as coleções do Universo são chamadas de classes. Conjuntos são classes que pertencem a outras classes distintas dela mesma, enquanto que classes próprias não são elementos de nenhuma outra classe. Nesta teoria, o conjunto A de Russell e o Universo V são classes próprias e não conjuntos.

Outra solução é a Teoria dos Conjuntos de Zermelo e Fraenkel. Nesta teoria o paradoxo de Russell é evitado, obrigando que os elementos do conjunto A sejam **antes** elementos de algum outro conjunto B, e não coleções quaisquer. Para ver como esta solução de fato elimina o paradoxo de Russell, fazemos $A = \{x \in B \ / \ x \notin x\}$ e vamos repetir o raciocínio acima: Se $A \in A$ então $A \in B$ ao mesmo tempo que $A \notin A$. Contradição. PORÉM, se $A \notin A$ então **ou** $A \notin B$ **ou** $A \in A$. Ora, como estamos supondo falsa a segunda opção, concluímos, não uma contradição, mas apenas que A não pertence a B.

Neste livro vamos trabalhar com a Teoria de Zermelo e Fraenkel, abreviada por ZF.

No próximo capítulo vamos detalhar os axiomas de Zermelo e Fraenkel, mas antes é preciso definir a base lógica da Teoria ZF:

1.3 A base lógica da Teoria ZF

A linguagem da Teoria ZF consiste de:

– Uma coleção de variáveis individuais: a , b , c , ...
– Símbolos de relação: $\in$ (pertence a) e $=$ (é igual a).
– Símbolos lógicos: $\vee$ (ou), $\neg$ (não) e $\exists$ (existe).
– Símbolos auxiliares: ( ) [ ].

Outros símbolos lógicos, $\wedge$ (e), $\longrightarrow$ (então), $\longleftrightarrow$ (se e só se), $\nexists$ (não existe), $\forall$ (qualquer que seja), $\notin$ (não pertence a) e $\neq$ (é diferente de) são definidos a partir dos símbolos já apresentados:

$\varphi \wedge \psi$ é abreviatura para $\neg\ [\ \neg\varphi \vee \neg\psi\ ]$.
$\varphi \longrightarrow \psi$ é abreviatura para $\neg\varphi \vee \psi$.
$\varphi \longleftrightarrow \psi$ é abreviatura para $(\varphi \longrightarrow \psi) \wedge (\psi \longrightarrow \varphi)$.
$\nexists$ é abreviatura para $\neg\exists$.
$(\forall x)\varphi$ é abreviatura para $(\nexists x)(\neg\varphi)$.
$x \notin y$ é abreviatura para $\neg(x \in y)$.
$x \neq y$ é abreviatura para $\neg(x = y)$.

As sequências de símbolos usadas na Teoria, que chamaremos de **fórmulas**, são definidas de modo a evitar sequências sem sentido como, por exemplo: $(x\forall\exists \longrightarrow)$, e são **apenas** aquelas construídas a partir de três simples regras:

1) Se x e y são variáveis individuais, então $x \in y$ e $x = y$ são fórmulas.
2) Se φ e ψ são fórmulas, então $\varphi \vee \psi$, $\varphi \wedge \psi$, $\neg\varphi$, $\varphi \longrightarrow \psi$ e $\varphi \longleftrightarrow \psi$ também são fórmulas.
3) Se φ é uma fórmula e x é uma variável individual, então $(\forall x)\varphi$ e $(\exists x)\varphi$ também são fórmulas.

A Teoria de Conjuntos de Zermelo e Fraenkel é uma coleção de fórmulas obtidas a partir de 8 axiomas lógicos, 2 regras de inferência e mais 10 axiomas especiais que serão detalhados no próximo capítulo. Os axiomas lógicos são:

A1. $(\varphi \vee \varphi) \longrightarrow \varphi$.
A2. $\varphi \longrightarrow (\varphi \vee \psi)$.
A3. $(\varphi \vee \psi) \longrightarrow (\psi \vee \varphi)$.
A4. $\varphi \longrightarrow (\psi \longrightarrow \varphi)$.
A5. $[\varphi \longrightarrow (\psi \longrightarrow \eta)] \longrightarrow [(\varphi \longrightarrow \psi) \longrightarrow (\varphi \longrightarrow \eta)]$.
A6. $(\neg\varphi \longrightarrow \neg\psi) \longrightarrow (\psi \longrightarrow \varphi)$.
A7. $\varphi \longrightarrow (\psi \longrightarrow (\varphi \wedge \psi))$.
A8. $((\forall x)\varphi(x)) \longrightarrow \varphi(a)$, onde $\varphi(a)$ é obtida de $\varphi(x)$, substituindo as ocorrências de x, **livres**, por a.

Definição: Uma ocorrência de x é **livre** em $\varphi(x)$ se não está vinculada a um quantificador $(\forall x)$ ou $(\exists x)$. Por exemplo, na fórmula $(\exists x)(x \in y)$, a ocorrência de y é livre, mas a de x não é.

Esta coleção de axiomas não é consenso na literatura. Outras listas de axiomas podem ser encontradas, por exemplo, em [12].

Para se conseguir outras fórmulas, além dos axiomas, a Teoria tem duas regras de inferência:

R1. De φ e $(\varphi \longrightarrow \psi)$ infere-se ψ. Em outras palavras: se φ e $(\varphi \longrightarrow \psi)$ forem fórmulas da Teoria, então ψ também é uma fórmula da Teoria. Esta regra é chamada de **Modus Ponens** e é abreviada por **MP**.

R2. Se x for livre em φ, então de φ infere-se $(\forall x)\varphi$. Esta regra é chamada de **Generalização** e é abreviada por **G**.

Falta agora dar uma **interpretação** às fórmulas. Concordaremos que as variáveis individuais serão interpretadas como coleções do Universo, e os símbolos de relação e os símbolos lógicos serão interpretados pelas expressões indicadas entre parênteses à frente de suas respectivas definições.

Os TEOREMAS de ZF serão as fórmulas definidas por exatas duas regras:

1) Os axiomas lógicos e os de ZF, descritos no próximo capítulo, são teoremas.

2) Toda fórmula obtida aplicando-se uma regra de inferência a teoremas de ZF também é um teorema de ZF.

Com a Teoria ZF definida, podemos finalmente apresentar a:

Definição de conjunto

Se a fórmula $(\exists x)\varphi(x)$ for um teorema em ZF, então qualquer coleção do Universo que possa interpretar x é um conjunto.

1.4 Os primeiros teoremas

A seguir vamos provar alguns teoremas para que o leitor tenha uma noção da dificuldade das demonstrações neste início de teoria, quando se tem um mínimo de ferramentas.

Teorema 1.4.1. $(\varphi \longrightarrow \varphi)$.
Demonstração:

1. Em A5, colocando $(\varphi \longrightarrow \varphi)$ no lugar de ψ, e φ no lugar de η, obtemos:
   $\varphi \longrightarrow ((\varphi \longrightarrow \varphi) \longrightarrow \varphi)] \longrightarrow [(\varphi \longrightarrow (\varphi \longrightarrow \varphi)) \longrightarrow (\varphi \longrightarrow \varphi)$.
2. Em A4, colocando $(\varphi \longrightarrow \varphi)$ no lugar de ψ, obtemos:
   $\varphi \longrightarrow ((\varphi \longrightarrow \varphi) \longrightarrow \varphi)$.
3. Usando (1), (2) e MP (Modus Ponens), obtemos:
   $(\varphi \longrightarrow (\varphi \longrightarrow \varphi)) \longrightarrow (\varphi \longrightarrow \varphi)$.
4. Em A4, colocando φ no lugar de ψ, obtemos:
   $\varphi \longrightarrow (\varphi \longrightarrow \varphi)$.
5. Finalmente, usando (3), (4) e MP, obtemos: $\varphi \longrightarrow \varphi$. ■

Teorema 1.4.2. $(\varphi \longrightarrow \neg\neg\varphi)$.
Demonstração:

1. Do Teorema 1.4.1, colocando $\neg\varphi$ no lugar de φ, obtemos
   $(\neg\varphi \longrightarrow \neg\varphi)$.
2. Desfazendo a abreviatura de $\longrightarrow$, obtemos: $(\neg\neg\varphi \vee \neg\varphi)$.
3. De (2), A3 e MP, obtemos: $(\neg\varphi \vee \neg\neg\varphi)$.
4. Finalmente, usando (3) e a abreviatura $\longrightarrow$, obtemos:
   $(\varphi \longrightarrow \neg\neg\varphi)$. ■

Teorema 1.4.3. $(\neg\neg\varphi \longrightarrow \varphi)$.
Demonstração:

1. No teorema 1.4.2, colocando $\neg\varphi$ no lugar de φ, obtemos:
   $(\neg\varphi \longrightarrow \neg\neg\neg\varphi)$.
2. Finalmente, de (1), A6 e MP, obtemos: $(\neg\neg\varphi \longrightarrow \varphi)$. ■

Teorema 1.4.4. *Se* $(\varphi \longrightarrow \psi)$ *e* $(\psi \longrightarrow \eta)$ *forem teoremas, então* $(\varphi \longrightarrow \eta)$ *também é teorema.*
Demonstração:

1. As hipóteses são: H1 $= (\varphi \longrightarrow \psi)$ e H2 $= (\psi \longrightarrow \eta)$.
2. Em (A4), colocando H2 no lugar de φ, e φ no lugar de ψ, tem-se $(\psi \longrightarrow \eta) \longrightarrow [\varphi \longrightarrow (\psi \longrightarrow \eta)]$.
3. De H2, (2) e MP obtém-se $\varphi \longrightarrow (\psi \longrightarrow \eta)$.
4. De (3), (A5) e MP obtém-se $(\varphi \longrightarrow \psi) \longrightarrow (\varphi \longrightarrow \eta)$.
5. De H1, (4) e MP obtém-se $\varphi \longrightarrow \eta$. ■

Teorema 1.4.5. *Se* $(\varphi \longrightarrow \psi)$ *é teorema então* $(\neg\psi \longrightarrow \neg\varphi)$ *também é teorema.*
Demonstração:

1. Pelo teorema 1.4.2, $\psi \longrightarrow \neg\neg\psi$.
2. Da hipótese, de (1) e do teorema 1.4.4 obtém-se $\varphi \longrightarrow \neg\neg\psi$.
3. Do teorema 1.4.3, de (2) e do teorema 1.4.4 sai que $\neg\neg\varphi \longrightarrow \neg\neg\psi$.
4. De (3), A6 e MP obtém-se $\neg\psi \longrightarrow \neg\varphi$. ■

Teorema 1.4.6. $(\varphi \wedge \psi) \longrightarrow \varphi$.
Demonstração:

1. De A2 obtém-se $\neg\varphi \longrightarrow (\neg\varphi \vee \neg\psi)$.
2. De (1) e o teorema 1.4.5 sai que $\neg(\neg\varphi \vee \neg\psi) \longrightarrow \neg\neg\varphi$, que é o mesmo que $(\varphi \wedge \psi) \longrightarrow \neg\neg\varphi$.
3. De (2), e os teoremas 1.4.3 e 1.4.4 obtém-se $(\varphi \wedge \psi) \longrightarrow \varphi$. ■

Teorema 1.4.7. $(\varphi \wedge \psi) \longrightarrow \psi$.
Demonstração:

1. De A2 sai que $\neg\psi \longrightarrow (\neg\psi \vee \neg\varphi)$.
2. De A3 sai que $(\neg\psi \vee \neg\varphi) \longrightarrow (\neg\varphi \vee \neg\psi)$.
3. De (1), (2) e o teorema 1.4.4 obtém-se $\neg\psi \longrightarrow (\neg\varphi \vee \neg\psi)$.
4. De (3) e o teorema 1.4.5 obtém-se $\neg(\neg\varphi \vee \neg\psi) \longrightarrow \neg\neg\psi$ que é o mesmo que $(\varphi \wedge \psi) \longrightarrow \neg\neg\psi$.
5. De (4), e os teoremas 1.4.3 e 1.4.4 sai que $(\varphi \wedge \psi) \longrightarrow \psi$. ■

Teorema 1.4.8. *Se φ e ψ são teoremas, então $(\varphi \wedge \psi)$ também é um teorema.*
Demonstração:

1. Da hipótese φ, A7 e MP tem-se: $(\psi \longrightarrow (\varphi \wedge \psi))$.
2. Da hipótese ψ, (1) e MP tem-se $(\varphi \wedge \psi)$. ■

Neste ponto é possível justificar porque funciona a técnica de provar teoremas chamada de **Demonstração por Contradição** ou **Demonstração por Absurdo**.

Segundo esta técnica, para provar que vale a implicação $H \longrightarrow T$, parte-se do fato de que valem a hipótese H e a negativa da tese $\neg T$, e desenvolve-se um raciocínio lógico até se chegar a uma contradição C. Então, conclui-se que $H \longrightarrow T$ é um teorema.

Justificativa para a Demonstração por Contradição

1. O raciocínio da demonstração por Contradição prova que $(H \wedge \neg T) \longrightarrow C$ é um teorema.

2. De (1) e o teorema 1.4.5 obtém-se $\neg C \longrightarrow \neg(H \wedge \neg T)$.

3. Se a afirmativa C é uma contradição em ZF, então sua negação $\neg C$ é um teorema em ZF.

4. De (2), (3) e MP obtém-se $\neg(H \wedge \neg T)$, que é o mesmo que $\neg\neg(\neg H \vee \neg\neg T)$.

5. De (4), o teorema 1.4.3 e MP obtém-se $(\neg H \vee \neg\neg T)$, que é o mesmo que $H \longrightarrow \neg\neg T$.

6. Finalmente, de (5) e os teoremas 1.4.3 e 1.4.4, conclui-se que $H \longrightarrow T$ é teorema em ZF.

Capítulo 2

A TEORIA DE ZERMELO E FRAENKEL

2.1 Um resumo

O paradoxo de Russell havia abalado de forma contundente a estrutura básica da matemática e todos esperavam ansiosamente que algum especialista em fundamentos viesse salvar o edifício que ruía. O estrago somente começou a ser reparado em 1908 com um trabalho [18] do alemão Ernst Zermello, no qual ele apresentou oito axiomas para a Teoria dos Conjuntos.

14 anos depois, em 1922, Adolf Fraenkel, também alemão, publicou um trabalho [9] no qual acrescentava um nono axioma - o Axioma de Substituição - que resolvia alguns pontos não alcançados pelos outros axiomas. O axioma de Fraenkel, aliás, é tão poderoso que os axiomas 3, 4 e 5 de Zermelo podem ser dispensados.

Infelizmente, esses nove axiomas não evitam a incômoda existência de um conjunto que seja elemento de si mesmo.

Este problema é resolvido com um décimo axioma, baseado na noção de conjunto **regular**, criada pelo russo Dimitry Mirimanoff em 1917.

Abaixo listamos todos os 10 axiomas com suas definições em português, para facilitar sua compreensão, para só depois apresentá-los em símbolos.

ZF01. **Extensionalidade** – Dois conjuntos são iguais se têm exatamente os mesmos elementos.
ZF02. **Vazio** – Existe um conjunto sem elementos.
ZF03. **Separação** – Dados um conjunto x e uma propriedade φ (restrita a certas regras), a coleção dos elementos de x que satisfazem φ é um conjunto (um subconjunto de x).
ZF04. **União** – A união de dois conjuntos é um conjunto.
ZF05. **Pares** – Se x e y são conjuntos, então $\{x, y\}$ é um conjunto.
ZF06. **Soma** – A união de todos os elementos de um conjunto é um conjunto.
ZF07. **Potência** – A coleção dos subconjuntos de um conjunto é um conjunto.
ZF08. **Infinitude** – Existe um conjunto x que tem o conjunto vazio como elemento e, para cada elemento y de x, o conjunto $\{y\}$ também é elemento de x. Isto força x a ser infinito.
ZF09. **Substituição** – Dado um conjunto x, a imagem de x por uma função com domínio x é um conjunto.
ZF10. **Regularidade** – Todo conjunto x, não vazio, tem um elemento disjunto de x.

Na verdade Zermelo também apresentou um nono axioma, o Axioma da Escolha (AC) que foi, desde o começo, objeto de críticas, principalmente porque alguns casos particulares dele são teoremas.

Somente em 1963 é que foi provado que esta afirmativa era de fato um axioma. Por esta razão diz-se que ZF tem apenas os 10 axiomas listados acima. Neste livro dedicaremos o terceiro capítulo inteiro ao Axioma da Escolha.

O Axioma de Infinitude, ZF08, será discutido em seção separada, porque alguns teoremas, que são consequência do Axioma de Infinitude de Zermelo, necessitam do Axioma de Substituição de Fraenkel para serem demonstrados. Além disto, é naquela seção que comentaremos as diversas definições de infinito e a definição de número natural.

É interessante chamar a atenção para um ponto que pode ser estranho para alguns leitores: Observe que os axiomas de ZF constroem CONJUNTOS. A consequência disto é que

TODOS os objetos construídos pela Teoria ZF
são conjuntos:
Por exemplo: os **números** naturais são conjuntos,
as **funções** são conjuntos e
os **elementos** de conjuntos são conjuntos.

Passemos então à descrição detalhada dos axiomas de ZF.

2.2 Axiomas ZF01 e ZF02

O axioma que define a igualdade de dois conjuntos é o primeiro, por ser fundamental em várias demonstrações de teoremas.

ZF01. Extensionalidade – Dois conjuntos são iguais se têm os mesmos elementos. Em símbolos:

$$(\forall x)(\forall y)(\forall z)([(z \in x) \longleftrightarrow (z \in y)] \longrightarrow x = y)$$

Há outra fórmula deste axioma, que é mais prática de ser usada, e usa a seguinte abreviatura:

$x \subseteq y$ é abreviatura para $(\forall z)[(z \in x) \longrightarrow (z \in y)]$.
(x é subconjunto de y, incluindo aí o próprio y.) E, aproveitando o momento, outra abreviatura:
$x \subsetneq y$ é abreviatura para $(x \subseteq y) \wedge (x \neq y)$. ($x$ é subconjunto próprio de y.)

Com estas abreviaturas o Axioma de Extensionalidade pode ser redigido da seguinte forma:

$$(\forall x)(\forall y)(((x \subseteq y) \wedge (y \subseteq x)) \longrightarrow x = y)$$

Daqui para a frente, toda vez que tivermos que usar ZF01 para concluir a igualdade de dois conjuntos, e não houver a necessidade de apresentar a demonstração, diremos simplesmente que o fato **segue por extensionalidade**.

ZF02. Vazio – Existe um conjunto sem elementos. Em símbolos:

$$(\exists x)(\forall y)(y \notin x)$$

O axioma menciona a existência de um conjunto vazio. Para provar que ele é único, precisamos de um teorema auxiliar.

Teorema 2.2.1. *Um conjunto vazio é subconjunto de qualquer conjunto.*
Demonstração:

1. Suponhamos que x e z sejam conjuntos e que x seja vazio, ou seja: $(\forall y)(y \notin x)$.
2. Usando A8 obtemos $(y \notin x)$.
3. De (2), A4 e MP obtemos $(y \notin z) \longrightarrow (y \notin x)$.
4. De (3), A6 e MP obtemos $(y \in x) \longrightarrow (y \in z)$.
5. Aplicando G obtemos $(\forall y)((y \in x) \longrightarrow (y \in z))$ que é a definição de $x \subseteq z$. ■

Teorema 2.2.2. *O conjunto vazio é único.*
Demonstração:

1. Suponhamos que x e y sejam conjuntos vazios.
2. Do teorema 2.2.1 obtemos $(x \subseteq y)$ e também $(y \subseteq x)$.
3. Usando (2) e o teorema 1.4.8 (pág. 11), obtém-se $(x \subseteq y) \wedge (y \subseteq x)$.
4. De (3), ZF01 e MP, conclui-se que $x = y$. ■

Notação: O conjunto vazio será denotado por $\varnothing$.

Notação: A partir deste ponto, **nas demonstrações**, vamos usar o símbolo $\Longrightarrow$ como abreviatura de "então", ou "portanto", ou "implica em". O símbolo $\longrightarrow$, que tem o mesmo significado, será usado exclusivamente **nas fórmulas**. O mesmo uso distinto terão os símbolos $\Longleftrightarrow$ e $\longleftrightarrow$, ambos significando "se e somente se".

Teorema 2.2.3. $(\forall x \in \varnothing)\varphi(x)$ *qualquer que seja a propriedade* φ *com* x *livre.*

Demonstração:

Por ZF02 $(\forall x)(x \notin \varnothing) \Longrightarrow$ por A8, $(x \notin \varnothing) \Longrightarrow$
$\Longrightarrow$ por A4 e MP, $[\neg\varphi(x) \longrightarrow (x \notin \varnothing)] \Longrightarrow$
$\Longrightarrow$ por A6, $[(x \in \varnothing) \longrightarrow \varphi(x)] \Longrightarrow$ por G, $(\forall x)[(x \in \varnothing) \longrightarrow \varphi(x)]$
que é abreviado por $(\forall x \in \varnothing)\varphi(x)$. ■

Nota. Diz-se que a expressão $(\forall x \in \varnothing)\varphi(x)$ **é verdadeira por vacuidade** ou que **vale vaziamente**.

O próximo teorema também é fácil de provar:

Teorema 2.2.4. *O único subconjunto do vazio é o próprio vazio, ou seja:* $(\forall x)(x \subseteq \varnothing \longrightarrow x = \varnothing)$.

2.3 Axiomas ZF03, ZF04 e ZF05

O Axioma de Separação, ZF03, é exatamente aquele que resolve o problema do paradoxo de Russell, e é interessante observar que é mais restritivo que o Axioma da Abstração apresentado quando comentamos sobre o paradoxo de Russell:

ZF03. Separação – Seja $\varphi(x)$ uma fórmula, na qual a variável x é livre e que não tenha a variável y. Então, todo conjunto a tem um subconjunto, denotado por y, formado pelos elementos de a que satisfizerem a condição φ. Em símbolos:

$$(\forall a)(\exists y)(\forall x)[(x \in y) \longleftrightarrow ((x \in a) \wedge \varphi(x))]$$

Usando uma simbologia mais avançada, o Axioma da Separação constrói, a partir do conjunto a, o seguinte conjunto:

$$y = \{x \in a \ / \ \varphi(x)\}.$$

Os axiomas ZF03, ZF04 e ZF05, como citado anteriormente, podem ser dispensados quando tivermos o axioma ZF09, mas são apresentados aqui para mostrar que são suficientes em várias demonstrações.

Usando ZF03, vamos definir a **intersecção de dois conjuntos**. Sejam então a e b dois conjuntos. Aplicando G e ZF03 com a fórmula $(x \in b)$ no lugar de $\varphi(x)$, obtemos:

$$(\forall a)(\forall b)(\exists y)(\forall x)[(x \in y) \longleftrightarrow ((x \in a) \wedge (x \in b))]$$

Teorema 2.3.1. *O conjunto y, definido acima, é único por extensionalidade e denotado por $a \cap b$.*

Teorema 2.3.2. *$a \cap b$ é subconjunto de a e de b.*

Até o momento a Teoria ZF está muito pobre, pois só temos um conjunto, o vazio. De fato, como ZF03 é um modo de montar **subconjuntos** de um conjunto dado, o teorema 2.2.4 mostra que além do vazio não se construiu nada. Na tentativa, então, de construir conjuntos maiores, acrescentamos à teoria o Axioma da União, que é a expressão dual da definição de intersecção de conjuntos.

ZF04. União – A união de dois conjuntos é um conjunto. Em símbolos:

$$(\forall a)(\forall b)(\exists y)(\forall x)[(x \in y) \longleftrightarrow ((x \in a) \vee (x \in b))]$$

Teorema 2.3.3. *O conjunto y, definido acima, é único por extensionalidade, e denotado por $a \cup b$.*

O próximo teorema mostra que, mesmo com este novo axioma, a Teoria continua com um único conjunto.

Teorema 2.3.4. $(\forall x)((x \cup \varnothing) = x)$.

Eis que surge a arma salvadora:

ZF05. Pares – Se a e b são conjuntos, então a coleção, que tem exatamente estes dois conjuntos como elementos, é um conjunto. Em símbolos:

$$(\forall a)(\forall b)(\exists y)(\forall x)[(x \in y) \longleftrightarrow ((x = a) \vee (x = b))]$$

Teorema 2.3.5. *Este conjunto y é único, por extensionalidade, e denotado $\{a, b\}$.*

Notação: O conjunto que só tem o elemento x é denotado por $\{x\}$.

Teorema 2.3.6. $(\forall x)\{x, x\} = \{x\}$.
Demonstração:

1. Se $y \in \{x, x\}$ então $(y = x) \vee (y = x)$.
2. Usando A1 e MP chega-se a $y = x$.
   Para quem achava que A1 não tinha utilidade, olha ele aí.
3. De (1) e (2) obtém-se $\{x, x\} \subseteq \{x\}$.
4. É imediato que $\{x\} \subseteq \{x, x\}$. Logo, de (3),
   do teorema 1.4.8 (pág. 11) e ZF01, a tese segue. ■

2.4 Os naturais de Zermelo e de von Neumann

Pronto! Foi vencida a barreira, aliás, de maneira formidável, pois o Axioma dos Pares cria logo uma infinidade de conjuntos. De fato, partindo do conjunto vazio, ZF05 cria o conjunto $\{\varnothing\}$, que não é vazio, já que tem $\varnothing$ como elemento. Aplicando-se ZF05 outra vez, chega-se ao conjunto $\{\{\varnothing\}\}$, que é diferente dos dois anteriores, e assim por diante.

Esta sequência de conjuntos foi usada por Zermelo para definir os números naturais: $\varnothing$ é o número zero, $\{\varnothing\}$ o número 1, e se o número n está construído, $n+1$ é o conjunto $\{n\}$. Esta definição tem a propriedade curiosa de que o número n é um conjunto com um único elemento, mas na sua descrição são usadas n chaves "{" à esquerda e n chaves "}" à direita.

Outra maneira de se construir os números naturais, devida ao húngaro John von Neumann [13], também usa ZF05 e de modo igualmente simples, mas com algumas vantagens adicionais, razão pela qual esta outra maneira é a mais adotada.

Copiando Zermelo, começamos com $0 = \varnothing$ e aplicamos ZF05 para construir $1 = \{\varnothing\}$ e também $\{1\}$. Mas este último conjunto não será o número 2. Ao invés disto, usando ZF04, define-se o número 2 como o conjunto $1 \cup \{1\}$. Observe que $2 = \{0, 1\}$. A partir daí, se o número n já está construído, $n+1$ é o conjunto $n \cup \{n\}$.

Numa notação mais atual,

Os números naturais **vão ser**

$$0 = \varnothing,\ 1 = \{0\},\ 2 = \{0{,}1\},\ 3 = \{0{,}1{,}2\},\ 4 = \{0{,}1{,}2{,}3\},\ \text{etc}$$

Com esta construção obteremos as seguintes vantagens adicionais: o número natural n **será** um conjunto com n elementos e, além disto, se n e m são números naturais, então

$$(n \subsetneq m) \longleftrightarrow (n \in m).$$

É importante frisar aqui que escrevemos acima que os números naturais **vão ser** daquela forma porque estas duas definições dos números naturais **não são rigorosas**, já que, para descrever o conjunto completo, teríamos de prolongar as listagens indefinidamente. Mais adiante, depois da introdução do Axioma de Infinitude, a definição de número natural será apresentada de modo rigoroso.

2.5 Axioma ZF06

Voltando agora ao axioma ZF04, note que com ele só podemos fazer a união de dois conjuntos ou, no máximo, de um número finito deles. Mas como agora já temos uma infinidade de conjuntos, seria interessante fazer a união de uma quantidade qualquer de conjuntos.

Isto, no entanto, só será possível com a introdução de outro axioma.

Há apenas um detalhe que precisa ser cuidado. Para evitar a inclusão de paradoxos, deve-se exigir que os conjuntos a serem unidos sejam todos elementos de um mesmo conjunto. Isto garante um controle maior sobre estas uniões generalizadas.

ZF06. Soma – A união de todos os elementos de um conjunto é um conjunto. Em símbolos:

$$(\forall x)(\exists y)(\forall z)[(z \in y) \longleftrightarrow (\exists t)((t \in x) \wedge (z \in t))]$$

Teorema 2.5.1. *Este conjunto y é único, por extensionalidade, e denotado $\bigcup x$.*

A afirmação abaixo é chamada de **meta-teorema**
porque não é um teorema **de** uma teoria,
mas sim um teorema **sobre** uma teoria.
Este, em particular, afirma que:
"Se em ZF forem incluídos os axiomas ZF05 e ZF06,
então ZF04 será teorema de ZF".

Meta-Teorema 1. ZF04 é consequência de ZF05 e ZF06.
Demonstração:

Dados dois conjuntos x e y, por ZF05 $\{x, y\}$ também é um conjunto. Então, por ZF06, $\bigcup\{x, y\}$ também é um conjunto. Finalmente, usando extensionalidade, prova-se que $\bigcup\{x, y\}$ é exatamente a união de x e y, ou seja: esta união também é um conjunto. ■

Por causa deste meta-teorema, muitos textos em Teoria dos Conjuntos mencionam apenas o Axioma da Soma. É mais didático, no entanto, apresentar os dois, para que fique clara a importância de ZF06. Durante a construção dos ordinais, por exemplo, o uso do Axioma da Soma, e não da União, será crucial.

Teorema 2.5.2. $(\forall y)(y \in x \Longrightarrow y \subseteq \bigcup x)$.

Teorema 2.5.3. $\bigcup \varnothing = \varnothing$.
Demonstração:

Se, por absurdo, $\exists x \in \bigcup \varnothing$, então $(\exists t \in \varnothing)$ tal que $(x \in t)$. Contradição. Logo, $\bigcup \varnothing = \varnothing$. ■

2.6 A Intersecção Generalizada

Neste ponto é interessante introduzir a **intersecção dos elementos de um conjunto** x, como sendo a coleção dos elementos comuns a todos os elementos de x.

Definição: $\bigcap x = \{y \in \bigcup x \ / \ (\forall z)[(z \in x) \longrightarrow (y \in z)]\}$.

Teorema 2.6.1. *Se $z \in x$ então $\bigcap x \subset z$.*

Teorema 2.6.2. $\bigcap x \subseteq \bigcup x$.

Teorema 2.6.3. $\bigcap \varnothing = \varnothing$.

Na definição de $\bigcap x$ usamos $\bigcup x$, mas alguns autores preferem definir a intersecção generalizada, em ZF, de modo independente do Axioma da Soma. Há dois caminhos a seguir e, em ambos, os resultados obtidos são os mesmos daqueles deduzidos da definição que adotamos, exceção feita apenas para $\bigcap \varnothing$, que **não existe** em nenhuma destas duas novas definições.

Primeiro modo: É definida apenas a intersecção dos elementos de um conjunto não vazio. Assim, se x for não vazio, escolha qualquer um de seus elementos, por exemplo, a. Então:

$$\bigcap x = \{y \in a \ / \ (\forall z)(z \in x \longrightarrow y \in z)\}$$

Para que esta definição faça sentido, é preciso provar, imediatamente, que o conjunto resultante não depende da escolha do elemento a de x. Esta demonstração fica como exercício.

Finalmente, como esta definição é válida apenas para x não vazio, aqui **não existe** $\bigcap \varnothing$.

Segundo modo: Fica subentendido que x é não vazio e que já se tem, de antemão, um conjunto A do qual **todos os elementos de x são subconjuntos**. Com estas restrições, define-se:

$$\bigcap x = \{y \in A \ / \ (\forall z)(z \in x \longrightarrow y \in z)\}$$

Novamente, a primeira tarefa é demonstrar que o conjunto resultante não depende da escolha do conjunto A.

A obrigatoriedade, nesta segunda definição, de x ser não vazio, pode ser justificada do seguinte modo: se x for vazio, a expressão $(\forall z)(z \in x \longrightarrow y \in z)$ é verdadeira para todo y de A por vacuidade (teorema 2.2.3) (pág. 18). Conclui-se, então, que $\bigcap \varnothing = A$. Agora, se usarmos outro conjunto B, tal que todos os elementos de x sejam subconjuntos de B, novamente poderemos calcular $\bigcap \varnothing$ chegando a $\bigcap \varnothing = B$. Ora, como tenho a liberdade de escolher B diferente de A, o conjunto $\bigcap \varnothing$ não fica bem definido, razão porque a intersecção da família vazia deve ser proibida.

Nota. Os três modos de definir a intersecção generalizada, descritos acima, são feitos em ZF. Na Teoria GB, de Gödel-Bernays, as coleções definidas por $\{x \ / \ \varphi(x)\}$, a partir de uma condição φ qualquer, são objetos reais, muitas vezes classes próprias. Naquele ambiente define-se a classe $\bigcap x$ como $\{y \ / \ (\forall z)(z \in x \longrightarrow y \in z)\}$. Mas então $\bigcap \varnothing = \{y \ / \ (\forall z)(z \in \varnothing \longrightarrow y \in z)\}$ é uma classe definida por uma condição que é verdadeira para todo y, ou seja: $\bigcap \varnothing$ é a classe que contém todas as classes, isto é, todo o Universo.

Resumo de $\bigcap \varnothing$

1. Com a definição que adotamos, vale $\bigcap \varnothing = \varnothing$
2. Nas outras duas definições, $\bigcap \varnothing$ não é válida.
3. Em GB, $\bigcap \varnothing$ é todo o Universo.

2.7 Axiomas ZF07, ZF09 e ZF10

Uma definição que normalmente segue a definição do par de conjuntos, é a do par ordenado:

Definição: Dados dois conjuntos x e y, o **par ordenado** deles é

$$< x, y >= \{\{x\}, \{x, y\}\}$$

O adjetivo "ordenado" para o nome deste par é decorrente do seguinte teorema:

Teorema 2.7.1. $< x, y >=< a, b > \longrightarrow (x = a) \wedge (y = b)$.
Demonstração:

1. A hipótese é $\{\{x\}, \{x, y\}\} = \{\{a\}, \{a, b\}\}$.
   Portanto, $\{x\} = \{a\}$ ou $\{x\} = \{a, b\}$.
   1.1. Se $\{x\} = \{a\}$, então $x = a$.
   1.2. Se $\{x\} = \{a, b\}$, então $a \in \{x\}$, ou seja: novamente $x = a$.
   1.3. Logo, em qualquer caso, $x = a$, e só falta provar $y = b$.
2. Como $x = a$ posso escrever a hipótese como
   $\{\{x\}, \{x, y\}\} = \{\{x\}, \{x, b\}\}$.
   Logo, $\{x, y\} = \{x\}$ ou $\{x, y\} = \{x, b\}$.
   2.1. Se $\{x, y\} = \{x\}$, então $y \in \{x\} \Longrightarrow x = y$.
   De $\{x, y\} = \{x\}$ também deduzo
   $\{\{x\}, \{x, y\}\} = \{\{x\}, \{x\}\} = \{\{x\}\}$.
   Então $\{x, b\} \in \{\{x\}\} \Longrightarrow \{x, b\} = \{x\} = \{y\} \Longrightarrow$
   $\Longrightarrow b \in \{y\} \Longrightarrow y = b$.
   2.2. Se $\{x, y\} = \{x, b\}$, então $y = x$ ou $y = b$.
   Se $y = x$, então, como $\{x, y\} = \{x, b\}$, tem-se
   $\{x, b\} = \{y\} \Longrightarrow b \in \{y\} \Longrightarrow y = b$.
3. Logo, em qualquer caso, $y = b$. ■

Neste ponto, textos de Teoria dos Conjuntos, menos rigorosos, costumam definir o produto cartesiano dos conjuntos A e B, como sendo o conjunto $A \times B = \{< x, y > \ / \ x \in A \wedge y \in B\}$.

Mas sabemos que esta definição está incompleta, pois os pares $< x, y >$ devem ANTES pertencer a algum conjunto, caso contrário estaríamos usando o Axioma de Abstração de Frege, e não o Axioma da Separação de Zermelo. Um tal conjunto é construído com a ajuda do axioma ZF07 apresentado a seguir.

ZF07: Potência A coleção dos subconjuntos de um conjunto é um conjunto. Em símbolos:

$$(\forall x)(\exists y)(\forall z)((z \in y) \longleftrightarrow (z \subseteq x))$$

Notação: Este conjunto é chamado de **Conjunto das Partes** de x, e tem o símbolo $\mathbb{P}(x)$.

A seguir dois teoremas fáceis de demonstrar:

Teorema 2.7.2. *O conjunto $\mathbb{P}(x)$ é único por extensionalidade.*

Teorema 2.7.3. *Se $x \in A$ e $y \in B$, então $< x, y > \in \mathbb{P}\mathbb{P}(A \cup B)$.*

Com o conhecimento obtido pelo teorema anterior, podemos definir o **produto cartesiano**, usando o Axioma da Separação ZF03:

Definição: $A \times B = \{z \in \mathbb{P}\mathbb{P}(A \cup B) \ / \ (\exists x)(\exists y)[(x \in A) \wedge$
$\wedge (y \in B) \wedge (z =< x, y >)]\}$.

Aqui vamos saltar o Axioma de Infinitude, ZF08, que será explorado na seção 2.8, para apresentar o Axioma de Substituição, criado por Fraenkel.

O axioma de Fraenkel afirma, intuitivamente, que se X é um conjunto e se f é uma função com domínio X, então a imagem de f também é um conjunto.

A rigor, o axioma de Fraenkel não usa o conceito completo de função, porque uma função precisa de três coisas: uma regra e DOIS conjuntos, um como domínio e outro como contradomínio. Ora, como a imagem da função é um subconjunto do contradomínio, esta imagem poderia perfeitamente ser construída com o Axioma da Separação.

A grande vantagem do axioma de Fraenkel é que ele se apoia **somente no domínio e na regra** que definem uma função, e não menciona o contradomínio. Esta posição, um pouco mais geral, é que dá tanto poder ao axioma, a ponto de ser possível provar ZF03, ZF04 e ZF05 como **teoremas** de ZF, se ZF09 for um axioma. Então, antes de apresentar o axioma, vamos definir uma **condição funcional**, que nada mais é do que a **regra** que define uma função:

Definição: A fórmula $\varphi(x, y)$ é uma **condição funcional** se

$$(\forall x)(\forall y)(\forall z)[\varphi(x, y) \wedge \varphi(x, z) \longrightarrow y = z]$$

Definição: $\varphi(x, y)$ é uma **condição funcional em** X se

$$(\forall x)(\forall y)(\forall z)[(x \in X) \wedge \varphi(x, y) \wedge \varphi(x, z) \longrightarrow y = z]$$

Agora podemos enunciar o axioma.

ZF09. Substituição – Se $\varphi(x, y)$ é uma condição funcional em X, com x e y livres, e sem a variável Y, então a coleção $Y = \{y \ / \ (\exists x \in X)\varphi(x, y)\}$ é um conjunto. Em símbolos:

$$(\forall X)(\forall x)(\forall y)(\forall z)[(x \in X) \wedge \varphi(x, y) \wedge \varphi(x, z) \longrightarrow y = z] \longrightarrow$$
$$\longrightarrow (\exists Y)(\forall y)[y \in Y \longleftrightarrow (\exists x)(x \in X) \wedge (\varphi(x, y))]$$

Nota. Y é a imagem de uma função, que tem domínio X e regra $\varphi(x, y)$ que associa x a y.

Nota. É necessária a imposição de que $\varphi(x, y)$ seja **funcional**, pois, caso contrário, coleções muito grandes teriam que ser consideradas conjuntos. Por exemplo, seja $\varphi(x, y)$ a fórmula $x \subseteq y$, que claramente não é funcional, e vamos supor que fosse possível aplicar ZF09 a esta fórmula. Façamos então $X = \{\varnothing\}$. Neste caso, ZF09 afirmaria que é um conjunto a coleção: $Y = \{y \ / \ (\exists x)(x \in \{\varnothing\} \wedge (x \subseteq y))\} = \{y \ / \ \varnothing \subseteq y\}$. Se Y for conjunto, então pelo teorema 2.2.1 (pág. 17) $Y \in Y$, o que contraria o teorema 2.7.4 (pág. 30). ■

Meta-Teorema 2. ZF03 é consequência de ZF09.
Demonstração:

1. Seja $\varphi(x)$ uma fórmula com x livre, sem a variável y, e seja A um conjunto qualquer.
2. Defina $\psi(x, y)$ como $(x = y) \wedge \varphi(x)$.
3. É imediato que $\psi(x, y)$ é condição funcional em qualquer conjunto, e em particular em A.
4. Então, por ZF09, $(\exists Y)(\forall y)[y \in Y \longleftrightarrow (\exists x \in A) \wedge (\psi(x, y))]$.
5. Substituindo $\psi(x, y)$ tem-se:
   $(\exists Y)(\forall y)[y \in Y \longleftrightarrow (\exists x \in A) \wedge (x = y) \wedge (\varphi(x))]$.
6. Ou seja: $(\exists Y)(\forall y)[y \in Y \longleftrightarrow (y \in A) \wedge (\varphi(y))]$.
7. Logo, $(\forall A)(\exists Y)(\forall y)[y \in Y \longleftrightarrow (y \in A) \wedge (\varphi(y))]$, que é ZF03. ■

Meta-Teorema 3. ZF05 é consequência de ZF09.
Demonstração:

1. Sejam a e b dois conjuntos e vamos provar, usando ZF09, que $\{a, b\}$ é um conjunto.
2. Seja $\varphi(x, y)$ a fórmula $[(x = \varnothing \wedge y = a) \vee (x = \{\varnothing\} \wedge y = b)]$.

3. Seja $X = \{\varnothing, \{\varnothing\}\}$.
   Afirmativa: $\varphi(x, y)$ é funcional em X.
   3.1. Suponhamos que valham $(x \in X)$ e $\varphi(x, y)$ e $\varphi(x, z)$.
   3.2. $x \in \{\varnothing, \{\varnothing\}\} \Longrightarrow x = \varnothing \vee x = \{\varnothing\}$.
   3.3. $\varphi(x, y)$ é $[(x = \varnothing \wedge y = a) \vee (x = \{\varnothing\} \wedge y = b)]$.
   3.4. $\varphi(x, z)$ é $[(x = \varnothing \wedge z = a) \vee (x = \{\varnothing\} \wedge z = b)]$.
   3.5. Se $x = \varnothing$ tem-se $y = a$ e $z = a$, ou seja: $y = z$.
   3.6. Se $x = \{\varnothing\}$ tem-se $y = b$ e $z = b$, e novamente $y = z$.
   3.7. Logo, em qualquer caso, $y = z$.
   3.8. Portanto, $\varphi(x, y)$ é funcional em X.
4. Logo, $\{a, b\}$ é a imagem de uma função com domínio X e regra $\varphi(x, y)$, ou seja: por ZF09, $\{a, b\}$ é um conjunto. ■

Os meta-teoremas 1, 2 e 3 provam nossa afirmativa, feita no início da seção 2.1 (pág. 13), de que os axiomas ZF03, ZF04 e ZF05 de Zermelo podem ser dispensados na presença de ZF09.

O próximo axioma, o último de ZF, é adotado para que não aconteça, em ZF, a situação esquisita de um conjunto ser elemento de si mesmo.

ZF10. Regularidade – Todo conjunto x, não vazio, tem um elemento disjunto de x. Em símbolos:

$$(\forall x \neq \varnothing)(\exists y)((y \in x) \wedge (y \cap x = \varnothing))$$

O teorema 2.7.4 mostra que ZF10 de fato resolve o problema.

Teorema 2.7.4. $(\forall x)(x \notin x)$.
Demonstração:

1. Colocando $\{x\}$ no lugar de x em ZF10 obtém-se $(\exists y)(y \in \{x\} \wedge y \cap \{x\} = \varnothing)$.
2. $y \in \{x\} \Longrightarrow y = x \Longrightarrow x \cap \{x\} = \varnothing \Longrightarrow x \notin x$. ■

O teorema 2.7.4 pode ser generalizado de duas formas, que serão apresentadas somente lá na frente, nos teoremas 2.11.16 e 2.11.17 (pág. 49), pois, para enunciá-los de modo rigoroso, há necessidade da noção de função, que será apresentada na seção 2.11. Informalmente, temos:

1. Não existe o conjunto **finito** $X = \{x_0, x_1, ..., x_n\}$ tal que $x_0 \in x_1 \in x_2 \in ... \in x_n \in x_0$.
2. Não existe sequência **infinita** de conjuntos, cada um, com exceção do primeiro, sendo elemento do anterior.

2.8 Axioma ZF08

Os axiomas criados até agora permitem a construção de uma quantidade infinita de conjuntos como, por exemplo, aqueles que **serão** definidos como os números naturais. E embora já contemos com infinitos conjuntos, ainda não temos um conjunto com infinitos elementos, já que tudo é construído a partir de um só conjunto, o vazio, e os processos são finitos. Assim, somente com a ajuda de outro axioma é que se conseguirá um conjunto que tenha infinitos elementos.

ZF08a. Infinitude 1. (Zermelo). Existe um conjunto x que tem $\varnothing$ como elemento e, se $y \in x$, então também $\{y\} \in x$. Em símbolos:

$$(\exists x)(\varnothing \in x) \wedge (\forall y)[(y \in x) \longrightarrow (\{y\} \in x)]$$

O Axioma de Infinitude 1 postula a existência de um conjunto que tem, como elementos, aquela infinidade de conjuntos criados por ZF05, ou seja: os conjuntos $\varnothing, \{\varnothing\}, \{\{\varnothing\}\}$ etc. Quando apresentamos estes conjuntos, foi dito que eles eram a sugestão de Zermelo para a definição dos números naturais. Neste livro, porém, vamos adotar a ideia de von Neumann que usa os conjuntos $\varnothing, \{\varnothing\}, \{\varnothing, \{\varnothing\}\}$ etc.

Pode-se provar que, valendo o Axioma de Infinitude 1, existe um conjunto que tem, como elementos, exatamente os conjuntos desta segunda lista. Porém, em vez de colocar este fato como um teorema, é mais didático criar este conjunto através de uma versão "b" do Axioma de Infinitude, e depois provar (veja seção 2.14) (pág. 59) que as duas versões são equivalentes. Também, na seção 2.14 apresentaremos outras duas versões para o Axioma de Infinitude e provaremos que as quatro são equivalentes.

Observe que o Axioma de Infinitude 1 cria um conjunto x com uma propriedade que também é satisfeita por outros conjuntos contendo x. Por exemplo o conjunto y que contém a sequência $\varnothing, \{\varnothing\}, \{\{\varnothing\}\}$ etc, e também a sequência $x, \{x\}, \{\{x\}\}$ etc.

Nossa próxima tarefa será achar um **representante** dos conjuntos infinitos que satisfazem a propriedade de ZF08a.

Seja então $p1(x)$ a fórmula que define o conjunto x criado por Infinitude 1, isto é: $p1(x)$ é a fórmula

$$(\varnothing \in x) \wedge (\forall y)[(y \in x) \longrightarrow (\{y\} \in x)]$$

Seja $X1$ um dos conjuntos cuja existência é postulada por Infinitude 1, ou seja: vale $p1(X1)$, e seja $F1$ a família dos subconjuntos A de $X1$ para os quais também vale $p1(A)$. Em símbolos:

$$F1 = \{A \subseteq X1 \;/\; p1(A)\}$$

Então $N1 = \bigcap F1$ será o procurado representante, pois o próximo teorema mostra que $N1$ é o menor, no sentido de inclusão, dos conjuntos B para os quais vale $p1(B)$.

Teorema 2.8.1. *Sejam $X1, F1$ e $N1$ os conjuntos definidos acima. Então valem $p1(N1)$ e $(\forall B)(p1(B) \longrightarrow N1 \subseteq B)$.*

Demonstração:

1. Pelo teorema 2.6.1(pág. 24), $(\forall A \in F1)(N1 \subseteq A)$.
2. Afirmativa: vale $p1(N1)$.
   2.1. Como $X1 \in F1$, conclui-se que $F1 \neq \varnothing$.
   2.2. $(\forall A \in F1)(\varnothing \in A)$. Logo, $\varnothing \in \bigcup F1$ e, portanto, $\varnothing \in \bigcap F1 = N1$.
   2.3. Se $y \in N1$ então $(\forall A \in F1)(y \in A) \Longrightarrow$
   $\Longrightarrow (\forall A \in F1)(\{y\} \in A) \Longrightarrow \{y\} \in \bigcap F1 = N1$.
3. Seja agora B um conjunto qualquer para o qual vale $p1(B)$.
   3.1. É imediato que $p1(B)$ e $p1(X1)$ implicam em $p1(B \cap X1)$.
   3.2. Também, de $(B \cap X1) \subseteq X1$ e $p1(B \cap X1)$ deduz-se que $(B \cap X1) \in F1$.
   3.3. Finalmente de (1) e (3.2) chega-se a $N1 \subseteq (B \cap X1) \subseteq B$. ■

Agora a versão "b" do Axioma de Infinitude.

ZF08b. Infinitude 2. (von Neumann). Existe um conjunto x que tem $\varnothing$ como elemento e, se $y \in x$ então, também, $y \cup \{y\} \in x$. Em símbolos:

$$(\exists x)(\varnothing \in x) \wedge (\forall y)[(y \in x) \longrightarrow (y \cup \{y\} \in x)]$$

Copiando todo o processo acima, mas agora partindo do Axioma de Infinitude 2, definimos $p2(x)$ como sendo a fórmula:

$$(\varnothing \in x) \wedge (\forall y)[(y \in x) \longrightarrow ((y \cup \{y\}) \in x)]$$

Seja $X2$ o conjunto criado por ZF08b, e sejam $F2 = \{A \subseteq X2 \;/\; p2(A)\}$ e $N2 = \bigcap F2$.

Agora, com demonstração análoga à do teorema 2.8.1, prova-se o

Teorema 2.8.2. *Sejam* $X2, F2$ *e* $N2$ *os conjuntos definidos acima. Então valem* $p2(N2)$ *e* $(\forall B)(p2(B) \longrightarrow N2 \subseteq B)$.

Este conjunto $N2$ é o tão aguardado **conjunto dos números naturais**, que passará a ser denotado por $\mathbb{N}$.

Para ver como esta definição coincide com aquela ideia intuitiva dada anteriormente, suponhamos que exista um conjunto W que tenha, como elementos, exatamente os conjuntos $\varnothing, \{\varnothing\}, \{\varnothing, \{\varnothing\}\}$ etc, ou seja: $W = \{0, 1, 2, 3, ...\}$.

Então, vale $p2(W)$ e, portanto, pelo teorema 2.8.2, $\mathbb{N} \subseteq W$. Mas os elementos de W são também elementos de $\mathbb{N}$, ou seja: $W \subseteq \mathbb{N}$. Logo, $W = \mathbb{N}$, e podemos escrever:

O conjunto dos números naturais **é** $\mathbb{N} = \{0, 1, 2, 3, 4, ...\}$

Para deduzir as primeiras propriedades dos naturais é interessante, neste ponto, introduzir uma ferramenta tão útil quanto simples de usar, e que, por sua importância, merece uma seção especial.

2.9 O Princípio de Indução

Começamos com uma notação muito útil, e que será exaustivamente usada daqui por diante.

Definição: Se x é um conjunto, o **sucessor** de x é o conjunto $x \cup \{x\}$, e é denotado x'.

Teorema 2.9.1. ***O Princípio de Indução 1***
Seja A um conjunto que satisfaz:

1. $A \subseteq \mathbb{N}$.
2. $\varnothing \in A$.
3. $(\forall x)(x \in A \longrightarrow x' \in A)$.

Então, $A = \mathbb{N}$.
Demonstração:

As hipóteses (2) e (3) acima mostram que vale $p2(A)$. Logo, pelo teorema 2.8.2, tem-se $\mathbb{N} \subseteq A$. Este fato, mais a hipótese (1), provam a tese. ■

Nota: a condição $(x \in A)$ do item 3 é chamada de Hipótese de Indução e é denotada por HI.

Com o Princípio de Indução 1, fica fácil provar uma série de resultados acerca do conjunto dos naturais.

O primeiro destes fatos diz que elementos dos números naturais também são números naturais.

Teorema 2.9.2. $(\forall x \in \mathbb{N})(\forall y)(y \in x \longrightarrow y \in \mathbb{N})$.
Demonstração:

1. Defina $A = \{x \in \mathbb{N} \;/\; (\forall y)(y \in x \longrightarrow y \in \mathbb{N})\}$.
2. Prove que $A = \mathbb{N}$ usando o Princípio de Indução 1.
3. Logo, a fórmula que define A é válida para todo $x \in \mathbb{N}$. ■

Teorema 2.9.3. $(x \in \mathbb{N}) \longrightarrow (x = \varnothing) \vee (\varnothing \in x)$.
Demonstração:

1. Defina $A = \{x \in \mathbb{N} \;/\; (x = \varnothing) \vee (\varnothing \in x)\}$.
2. Prove que $A = \mathbb{N}$ usando o Princípio de Indução 1.
3. Logo, a fórmula que define A é válida para todo $x \in \mathbb{N}$. ■

Teorema 2.9.4. $(\forall x \in \mathbb{N})(\forall y \in \mathbb{N})(y \in x \longrightarrow y \subsetneq x)$.
Demonstração:

1. Defina $A = \{\varnothing\} \cup \{x \in \mathbb{N} \;/\; (\forall y \in \mathbb{N})(y \in x \longrightarrow y \subsetneq x)\}$.
2. Prove que $A = \mathbb{N}$ usando o Princípio de Indução 1.
3. Logo, a fórmula que define A é válida para todo $x \in \mathbb{N}$. ■

A recíproca também é verdadeira:

Teorema 2.9.5. $(\forall x \in \mathbb{N})(\forall y \in \mathbb{N})(y \subsetneq x \longrightarrow y \in x)$.
Demonstração:

1. Defina $A = \{\varnothing\} \cup \{x \in \mathbb{N} \;/\; (\forall y \in \mathbb{N})(y \subsetneq x \longrightarrow y \in x)\}$.
2. Prove que $A = \mathbb{N}$ usando o Princípio de Indução 1.
3. Logo, a fórmula que define A é válida para todo $x \in \mathbb{N}$. ■

Os dois últimos teoremas provam a afirmativa que fizemos, no início da seção 2.4 (pág. 20), de que a definição dos naturais sugerida por von Neumann tinha vantagens adicionais.

É mais prático juntar os dois num só teorema.

Teorema 2.9.6. $(\forall x \in \mathbb{N})(\forall y \in \mathbb{N})(y \subsetneq x \longleftrightarrow y \in x)$.

Agora uma importante, e útil, propriedade dos naturais.

Teorema 2.9.7. ***Lei da Tricotomia dos Naturais***

$$(\forall x \in \mathbb{N})(\forall y \in \mathbb{N})[(x \in y) \vee (y \in x) \vee (x = y)].$$

Além disto, estas três condições são disjuntas, no sentido de que não acontecem duas delas simultaneamente.
Demonstração:

1. Defina $A = \{x \in \mathbb{N} \ / \ (\forall y \in \mathbb{N})[(x \in y) \vee (y \in x) \vee (x = y)]\}$.
2. Vamos provar que $A = \mathbb{N}$ pelo Princípio de Indução 1.
   2.1. Pelo teorema 2.9.3, $(\forall x \in \mathbb{N})[(x = \varnothing) \vee (\varnothing \in x)]$.
   Logo $\varnothing \in A$.
   2.2. Sejam $x \in A$ e $y \in \mathbb{N}$. Então $(x \in y) \vee (y \in x) \vee (x = y)$.
      2.2.1. $x \in y \Longrightarrow x \subsetneq y$ e também $\{x\} \subseteq y$. Logo,
      $x \cup \{x\} \subseteq y \Longrightarrow x' \in y$ ou $x' = y$.
      2.2.2. $y \in x \Longrightarrow y \in x \cup \{x\} = x'$.
      2.2.3. $x = y \Longrightarrow y \in \{x\} \Longrightarrow y \in x \cup \{x\} = x'$.
      2.2.4. (2.2.1) a (2.2.3) mostram que $x' \in A$.
   2.3. (2.1) e (2.2) mostram que $A = \mathbb{N}$.
3. Falta mostrar que quaisquer duas das três condições não ocorrem simultaneamente. Sejam então x e y dois números naturais.
   3.1. Se $x \in y$ então, pelo teorema 2.7.4 (pág 30), $x \neq y$.
   Portanto, $x \in y$ e $x = y$ não ocorrem simultaneamente.
   3.2. Analogamente, $y \in x$ e $x = y$ não ocorrem simultaneamente.
   3.3. Finalmente se, por absurdo, $x \in y$ e $y \in x$, então
   $x \subsetneq y$ e $y \subsetneq x \Longrightarrow x \subsetneq x \Longrightarrow x \in x$, pelo teorema 2.9.5, o que contraria o teorema 2.7.4 (pág. 30). ■

Há outra versão do Princípio de Indução que é mais útil em algumas situações.

Teorema 2.9.8. ***O Princípio de Indução 2***
Seja $A \subseteq \mathbb{N}$ tal que $(\forall x \in \mathbb{N})(x \subseteq A \longrightarrow x \in A)$.
Então, $A = \mathbb{N}$.
Demonstração:

1. Defina $B = \{x \in \mathbb{N} \ / \ x \subseteq A\}$.
   1.1. $\varnothing \subseteq A \Longrightarrow \varnothing \in B$.
   1.2. $x \in B \Longrightarrow x \subseteq A \Longrightarrow x \in A$ pela definição de A.
   Portanto, $B \subseteq A$ e $\{x\} \subseteq A$.
   1.3. Agora $x \subseteq A$ e $\{x\} \subseteq A \Longrightarrow x' \subseteq A \Longrightarrow x' \in B$.

2. Então, pelo Princípio de Indução 1, $B = \mathbb{N}$.
3. De (2) e (1.2) sai que $\mathbb{N} \subseteq A$.
4. Como, por hipótese, $A \subseteq \mathbb{N}$, conclui-se que $A = \mathbb{N}$. ■

2.10 A Boa Ordem dos Naturais

A boa ordem dos naturais é mais uma propriedade importante deles, e que será fundamental mais adiante. Mas antes algumas definições.

Definição: Uma **relação** é um conjunto qualquer de pares ordenados. Em símbolos: R é uma relação, se a fórmula abaixo for um teorema.

$$(\exists R)(\forall z)[z \in R \longleftrightarrow (\exists x)(\exists y)(z =< x, y >)]$$

O modo mais fácil de criar uma relação é construir um subconjunto qualquer de um produto cartesiano $A \times B$. Por outro lado, é fácil achar um produto cartesiano que contenha uma dada relação, como mostra o próximo teorema.

Teorema 2.10.1. *Se R é uma relação, então $R \subseteq \bigcup\bigcup R \times \bigcup\bigcup R$.*
Demonstração:

1. Seja $< x, y > \in R$. Como $< x, y >= \{\{x\}, \{x, y\}\}$ tem-se $\{x, y\} \in < x, y > \in R \Longrightarrow \{x, y\} \in \bigcup R$.
2. Mas então, $x \in \{x, y\} \in \bigcup R \Longrightarrow x \in \bigcup\bigcup R$.
3. Analogamente se conclui que $y \in \bigcup\bigcup R$. ■

É possível refinar o resultado acima, achando conjuntos A e B menores que $\bigcup\bigcup R$.

Teorema 2.10.2. *Dada uma relação R, sejam X e Y os seguintes conjuntos:*

$X = \{x \in \bigcup\bigcup R \ / \ (\exists y)(< x, y > \in R)\}$ *e*

$Y = \{y \in \bigcup\bigcup R \ / \ (\exists x)(< x, y > \in R)\}$.

Então $R \subseteq X \times Y$.

O próximo teorema mostra que este $X \times Y$ é o melhor refinamento possível.

Teorema 2.10.3. *Dada uma relação R, sejam X e Y os conjuntos definidos pelo teorema 2.10.2. Se $R \subseteq A \times B$ então $X \subseteq A$ e $Y \subseteq B$.*

Definição: Como os conjuntos X e Y, definidos no teorema 2.10.2, são especiais, eles merecem nomes especiais: X é chamado de **Domínio** da relação R, e denotado Dom$R$, e Y é chamado de **Imagem** da relação R, e denotado ImR.

Definições: Seja $R \subseteq A \times A$ uma relação. Então:

1. R é **reflexiva** se $(\forall x \in A)(< x, x > \in R)$.
2. R é **simétrica** se $(\forall x, y \in A)[< x, y > \in R \longrightarrow < y, x > \in R]$.
3. R é **antissimétrica** se
   $(\forall x, y \in A)[((< x, y > \in R) \wedge (< y, x > \in R)) \longrightarrow x = y]$.
4. R é **transitiva** se $(\forall x, y, z \in A)$
   $[((< x, y > \in R) \wedge (< y, z > \in R)) \longrightarrow (< x, z > \in R)]$.
5. R é **total** se
   $(\forall x, y \in A)[(< x, y > \in R) \vee (< y, x > \in R) \vee (x = y)]$.

Definição: R é uma **Relação de Ordem**, se R for reflexiva, antissimétrica e transitiva.

Definição: Se R é relação de ordem em X, diz-se que X é **parcialmente ordenado** por R.

Nota: Em função de hábitos históricos, se R é uma relação de ordem, escreve-se xRy no lugar de $< x, y > \in R$ e se diz que x é menor ou igual que y.

Agora, o primeiro exemplo de relação de ordem.

Teorema 2.10.4. *$\subseteq$ é relação de ordem em qualquer conjunto.*

Notação: Dados x e y em $\mathbb{N}$, usa-se $x \leq y$ em lugar de $x \subseteq y$, e $x < y$ no lugar de $x \subsetneq y$ (que é o mesmo que $x \in y$).

Definição: Se R é uma relação de ordem em A e se $x \in A$, então x é um **Elemento Minimal**, relativo a R, se:

$$(\forall y \in A)(yRx \longrightarrow y = x)$$

Nota: É bom salientar que um elemento minimal não é, necessariamente, o menor de todos, mas apenas que **não há outro menor** que ele. O exemplo abaixo mostra uma relação de ordem com vários elementos minimais, nenhum deles menor que todos os outros.

1. Defina em $\mathbb{N} \times \mathbb{N}$ a relação: $< x, y > \preceq < z, t >$ se $x \leq z$ e $y = t$.
2. Esta é uma relação de ordem e $(\forall x \in \mathbb{N})$, $< 0, x >$ é elemento minimal.
3. Mas $< 0, x >$ não é nem menor e nem maior que $< 0, y >$, se $x \neq y$.

Observe que o item 3 mostra que esta relação **não é total**.
Na verdade, vale o seguinte teorema:

Teorema 2.10.5. *Se, numa ordem total, existir um elemento minimal, ele é único.*

Agora a definição que dá o título desta seção.

Definição: R é uma **Boa Ordem em** A ou, equivalentemente, A **é Bem Ordenado por** R, se:

(i) R é ordem total em A.
(ii) Todo subconjunto não vazio de A, tem elemento minimal.

Teorema 2.10.6. *$\mathbb{N}$ é bem ordenado pela relação $\leq$ (que em $\mathbb{N}$ é o mesmo que $\subseteq$)*
Demonstração:

1. O teorema 2.10.4 mostrou que $\leq$ é relação de ordem em $\mathbb{N}$.
2. Da tricotomia dos naturais sai que $\leq$ é ordem total.
3. Em vez de provar que todo subconjunto A de $\mathbb{N}$, não vazio, tem elemento minimal, é mais fácil provar que, se A não tem elemento minimal, então $A = \varnothing$.
4. Seja $B = \{x \in \mathbb{N} \ / \ x \notin A\}$, e vamos provar que $B = \mathbb{N}$ usando o Princípio de Indução 2.
5. Seja então $x \in \mathbb{N}$ com $x \subseteq B$, e temos de provar que $x \in B$.
6. Se, por absurdo, $x \notin B$, então $x \in A$. Mas como A não tem elemento minimal, $\exists y \in A$ com $y < x$, que é o mesmo que $y \in x$.
7. Mas, $y \in x$ e $x \subseteq B \Longrightarrow y \in B \Longrightarrow y \notin A$. Contradição.
8. Então a suposição de (6) é mesmo falsa, ou seja: $x \in B$.
9. Logo, $B = \mathbb{N}$ e, consequentemente, $A = \varnothing$. ■

O teorema anterior mostrou que todo subconjunto não vazio de $\mathbb{N}$ tem elemento minimal. Agora, partindo-se do fato de que este elemento existe, o próximo teorema mostra a cara dele:

Teorema 2.10.7. *Se $\varnothing \neq A \subseteq \mathbb{N}$, então $\bigcap A$ é minimal em A.*
Demonstração:

1. Seja m o elemento minimal de A, que existe pelo teorema 2.10.6.
2. Do teorema 2.6.1 (pág. 24) conclui-se que $\bigcap A \subseteq m$.
3. Como m é elemento minimal em A, $\nexists x \in A$ com $x \in m$.

4. Então, pela Tricotomia dos Naturais,
   $(\forall x \in A)\ m \in x$ ou $m = x$, ou seja: $(\forall x \in A)(m \subseteq x)$.
5. Portanto, $(\forall z \in m)(\forall x \in A)(z \in x)$. Logo,
   $(\forall z \in m)(z \in \bigcap A)$, ou seja: $m \subseteq \bigcap A$.
6. Juntando (2) e (5) obtém-se $m = \bigcap A$. ■

Uma consequência imediata, e útil, da boa ordem dos naturais é o seguinte teorema:

Teorema 2.10.8. *Se $\varphi(x)$ é uma fórmula e $\varphi(n)$ é um teorema para algum n de $\mathbb{N}$, então existe o menor $p \in \mathbb{N}$ para o qual $\varphi(p)$ é um teorema.*

2.11 A definição de conjunto infinito

Começamos com a definição de função.

Definições: Dados dois conjuntos A e B, então

1. f é uma **função de** A **em** B, e se escreve $f : A \longrightarrow B$ se:
   1.1. $f \subseteq A \times B$.
   1.2. $(\forall x \in A)(\exists! y \in B)(< x, y > \in f)$ e se escreve $y = f(x)$.

nota: o símbolo $\exists!$ usado em (1.2) significa "existe um(a) único(a)".

2. A é o **domínio** de f e é denotado Dom f.
3. B é o **contradomínio** de f.
4. $\{y \in B \ /\ (\exists x \in A)(f(x) = y)\}$ é a **imagem** de f e é denotada Im f.
5. f é função **injetiva**, ou **1 a 1**, se
   $(\forall a, b \in \text{Dom } f)[(f(a) = f(b)) \longrightarrow (a = b)]$.

6. f é **sobrejetora**, ou **sobre**, se Im f = contradomínio de f.
7. f é **bijeção** se for 1 a 1 e sobre. 8. A e B são **equipotentes**, se existir uma bijeção de A em B.

Neste caso se escreve $A \equiv B$.

9. Seja $f : A \longrightarrow B$, e seja $D \subseteq A$ então a **restrição** de f ao conjunto D é denotada $f|_D$.
10. Se $f : A \longrightarrow B$ e se $y \in B$, então a **imagem inversa** de y por f é $f^{-1}(y) = \{x \in A \;/\; f(x) = y\}$.
11. Dadas as funções $f : A \longrightarrow B$ e $g : B \longrightarrow C$, então a **função composta** $g \circ f : A \longrightarrow C$ é definida por $(g \circ f)(x) = g(f(x))$.

12 Se $f : A \longrightarrow B$ for uma bijeção, então a **função inversa** $f^{-1} : B \longrightarrow A$ é definida por $(f^{-1}(y) = x) \longleftrightarrow (f(x) = y)$.

Os próximos dois teoremas traduzem uma propriedade dos números naturais que ficou conhecida como princípio da casa de pombos, em inglês, **Pigeonhole Principle**.

Ele diz que se forem colocados n pombos num pombal com n ninhos então, ou o pombal ficará cheio, com exatamente um pombo em cada ninho, ou algum ninho terá mais de um pombo deixando algum outro ninho vazio. Embora este raciocínio pareça óbvio demais para ser alvo de mentes matemáticas, demonstrá-lo neste ponto, com as poucas ferramentas que temos, não é assim tão trivial. Como exercício, tente demonstrar os teoremas sem olhar as demonstrações abaixo.

Vamos dividir o fato em dois teoremas para facilitar as demonstrações. O primeiro diz que se cada pombo ocupar exatamente um ninho, então o pombal ficará cheio.

Teorema 2.11.1. *Seja $n \in \mathbb{N}$, $n > 0$ e $f : n \longrightarrow n$. Se f é 1 a 1, então f é sobre.*

Demonstração:

A demonstração é por indução em n, começando com $n = 1$, e vamos abreviar "Hipótese de Indução" por HI.

1. Se $n = 1$, só há uma função $f : \{0\} \longrightarrow \{0\}$, e ela é 1 a 1 e sobre.
2. Suponhamos então o teorema válido para $n > 0$ e vamos provar que vale para $n' = n \cup \{n\}$.
3. Seja $f : n' \longrightarrow n'$, função 1 a 1, e vamos provar que f é sobre. Temos 2 casos: ou $f(n) \in n$, ou $f(n) = n$.
   3.1. Se $f(n) = n$ então, como f é 1 a 1, $f(x) \in n \ \forall x \neq n$. Então, a restrição $f|_n$, de f a n, tem contradomínio n. Como $f|_n$ é 1 a 1, pela HI, $f|_n$ é sobre. Portanto f é sobre.
   3.2. O outro caso é $f(n) = k \in n$.
      3.2.1. Suponha, por absurdo, $(\forall x \in n)(f(x) \in n)$. Neste caso, $f|_n$ é função 1 a 1 de n em n e portanto é sobre, pela HI. Consequentemente, $(\exists h \in n)(f|_n(h) = k)$. Logo, $f(h) = k$. Contradição, pois $f(n) = k$ e f é 1 a 1. Logo, a suposição 3.2.1 é mesmo falsa.
      3.2.2. Como a suposição 3.2.1 é falsa, $(\exists m \in n)(f(m) = n)$. Logo, $(\forall x \in n)(x \neq m \longrightarrow f(x) \in n)$, pois f é 1 a 1.
      3.2.3. Fica então bem definida a função $g : n \longrightarrow n$ dada por:

$$g(x) = \left\{ \begin{array}{lll} f(x) & \text{se} & x \neq m \\ k & \text{se} & x = m \end{array} \right\}$$

      3.2.4. É imediato que g é 1 a 1. Logo, pela HI, g é sobre. Portanto, f é sobre.
   3.3. Logo, em qualquer caso f é sobre.
4. Portanto vale a fórmula do teorema para todo $n \in \mathbb{N}$. ■

Agora o teorema que completa a demonstração do princípio da casa de pombos. Ele diz que, se o pombal ficar cheio, então não acontecerá de dois pombos ocuparem o mesmo ninho.

Teorema 2.11.2. *Seja* $n \in \mathbb{N}$, $n > 0$ *e* $f : n \longrightarrow n$. *Se* f *é sobre, então* f *é 1 a 1.*
Demonstração:

1. Seja $g : n \longrightarrow n$ definida por $g(x) = k$, onde k é o menor natural tal que $f(k) = x$.
2. Como f é sobre, e $\mathbb{N}$ é bem ordenado, g está bem definida, pois sempre existirá o tal k.
3. Por construção, $(\forall x \in n)(f(g(x)) = x)$.
4. g é 1 a 1, pois $(g(x) = g(y)) \Longrightarrow (f(g(x)) = f(g(y)) \Longrightarrow x = y$. Logo, pelo teorema 2.11.1, g é sobre.
5. Agora, partindo de $f(x) = f(y)$, temos de provar que $x = y$. Como g é sobre, tem-se $(\exists z \in n)(g(z) = x)$ e $(\exists t \in n)(g(t) = y)$. Usando (3), tem-se: $z = f(g(z)) = f(x) = f(y) = f(g(t)) = t$. Finalmente, $x = g(z) = g(t) = y$, ou seja: f é 1 a 1. ■

Para facilitar futuras referências, vamos juntar estes dois teoremas num só.

Teorema 2.11.3. *Seja* $n \in \mathbb{N}$ *e* $f : n \longrightarrow n$. *Então,* f *é sobre, se e somente se,* f *é 1 a 1.*

Agora, de posse do conceito de função, podemos apresentar as primeiras definições de conjunto finito e infinito. Outras definições de conjunto infinito serão apresentadas mais adiante, mas estas são as primeiras por serem as mais naturais. Também é importante salientar que estas definições acontecem num ambiente em que o conjunto $\mathbb{N}$ dos naturais já está construído.

Definições:

1. Um conjunto é **finito** se for vazio ou equipotente a um número natural.
2. Um conjunto é **infinito** se não for finito.
3. Um conjunto é **enumerável** se for equipotente a $\mathbb{N}$.

Como qualquer conjunto não vazio é equipotente a si mesmo, deduz-se imediatamente que:

Teorema 2.11.4. *Todos os números naturais são finitos.*

Teorema 2.11.5. *Se $X \neq \varnothing$ é finito, então toda função $f : X \longrightarrow X$ é 1 a 1, se e somente se, é sobre.*
Demonstração:

1. X é equipotente a um natural n. Então, existe bijeção $g : X \longrightarrow n$.
2. A inversa $g^{-1} : n \longrightarrow X$ também é bijeção.
3. Seja $h : n \longrightarrow n$ definida por $h(x) = g(f(g^{-1}(x)))$.
4. Pelo teorema 2.11.3, h é 1 a 1, se e somente se, é sobre.
5. Finalmente, f é 1 a 1 $\Longleftrightarrow$ h é 1 a 1 $\Longleftrightarrow$ h é sobre $\Longleftrightarrow$ f é sobre. ■

Como a função sucessor $f(n) = n'$, é 1 a 1 mas não é sobre, tem-se:

Teorema 2.11.6. $\mathbb{N}$ *é infinito.*

Teorema 2.11.7. *Se A é finito/infinito e $A \equiv B$ então B é, respectivamente, finito/infinito.*

A seguinte notação será muito usada daqui em diante.

Notação: Dados dois conjuntos A e B denota-se por $A - B$ o conjunto $\{x \in A \ / \ x \notin B\}$.

Teorema 2.11.8. $(\forall n \in \mathbb{N})(\forall A \subseteq n)(A$ *é finito).*
Demonstração:

Por indução em n.
1. Se $n = 0 = \varnothing$ e $A \subseteq n$, então $A = \varnothing$ e, por definição, A é finito.
2. Suponhamos, agora, o teorema válido para n, e seja $A \subseteq n'$.
   2.1. Se $n \in A$, seja $B = A - \{n\}$. Então $B \subseteq n$.
      2.1.1. Se $B = \varnothing$ então $A = \{n\} \equiv 1$. Logo, A é finito.
      2.1.2. Se $B \neq \varnothing$, então, $B \subseteq n \Longrightarrow B \equiv k \in \mathbb{N}$, pela HI.
      2.1.3. Logo $A \equiv k'$ e, portanto, A é finito.
   2.2. Se $n \notin A$ então $A \subseteq n$ e, pela Hipótese de Indução, A é finito.
3. Logo, $\forall n \in \mathbb{N}$, todos os subconjuntos de n são finitos. ■

E, generalizando para quaisquer conjuntos finitos, temos o

Teorema 2.11.9. *Se A é finito e $B \subseteq A$, então B também é finito.*
Demonstração:

1. Se $B = \varnothing$ então B é finito. Então, vamos supor $B \neq \varnothing$.
2. Se A é finito, então $\exists n \in \mathbb{N}$ e $\exists f : A \longrightarrow n$ bijeção.
   Seja $f(B)$ a imagem de B por f.
3. Como $f(B) \subseteq n$, pelo teorema 2.11.8 existe bijeção $g : f(B) \longrightarrow k$ com $k \in \mathbb{N}$.
4. Defina $h : B \longrightarrow k$ por $h(x) = g(f(x))$. Então h é bijeção. Logo, B é finito. ■

A recíproca deste teorema é

Teorema 2.11.10. *Se A é infinito e $A \subseteq B$, então B é infinito.*

Teorema 2.11.11. *Se A é finito, então $(\forall x)(A \cup \{x\})$ é finito.*
Demonstração:

1. Se $A = \varnothing$ então $A \cup \{x\} = \{x\} \equiv 1$. Logo $A \cup \{x\}$ é finito.
2. Se $x \in A$ então $A \cup \{x\} = A$, que é finito.

3. Suponhamos, então, que $x \notin A \neq \varnothing$.
   Como A é finito, $\exists f : A \longrightarrow n$ bijeção com $n \in \mathbb{N}$.
4. Defina $g : A \cup \{x\} \longrightarrow n'$ por $g(t) = f(t)$ se $t \in A$ e $g(x) = n$.
   Então g é bijeção e, portanto, $A \cup \{x\}$ é finito. ■

Generalizando este teorema tem-se:

Teorema 2.11.12. *Se A e B são finitos, então $A \cup B$ é finito.*
Demonstração:

1. Se $B = \varnothing$ então, $A \cup B = A$ que é finito. Então, vamos supor $B \neq \varnothing$.
2. Se B é finito então $(\exists n \in \mathbb{N})(B \equiv n)$, e a prova segue por indução em n, começando com $n = 1$.
3. Se $B \equiv 1$, então $B = \{x\}$ e $A \cup B$ é finito pelo teorema 2.11.11.
4. Suponhamos que $B \equiv n'$ e que o teorema vale para $n > 0$.
   Então existe $f : B \longrightarrow n'$ bijeção.
   Seja $x \in B$ tal que $f(x) = n$ e seja $D = B - \{x\}$.
5. Como f é bijeção, $f|_D : D \longrightarrow n$ também é bijeção.
6. Então, $D \equiv n$ e, como vale o teorema para n, $A \cup D$ é finito.
7. Então, $A \cup B = (A \cup D) \cup \{x\}$ que é finito pelo teorema 2.11.11. ■

Teorema 2.11.13. *Se $n \in \mathbb{N}$, então $\mathbb{P}(n)$ é finito.*
Demonstração:

Por indução em n.
1. Se $n = 0$ então $\mathbb{P}(n) = \{0\} = 1$ é finito.
2. Suponha $\mathbb{P}(n)$ finito, com $n \neq 0$, e seja $X = \{A \cup \{n\} \ / \ A \in \mathbb{P}(n)\}$.
   Como $(\forall A \in \mathbb{P}(n))(n \notin A)$, tem-se $X \equiv \mathbb{P}(n)$, ou seja: X é finito.
3. Então $\mathbb{P}(n') = \mathbb{P}(n) \cup X$ é finito pelo teorema 2.11.12. ■

Teorema 2.11.14. *Se A é finito, então $\mathbb{P}(A)$ também é finito.*

Teorema 2.11.15. *Se A é finito, e $(\forall x \in A)(x$ é finito), então $\bigcup A$ também é finito.*

Demonstração:

1. Se $A = \varnothing$, $\bigcup A = \varnothing$ que é finito. Então vamos supor $A \neq \varnothing$.
2. Seja $A \equiv n > 0$ e a prova segue por indução em n.
3. $n = 1 \Longrightarrow A = \{x\} \Longrightarrow \bigcup A = x$, que é finito por hipótese.
4. Vamos supor que o teorema é válido para $n > 0$ e suponhamos $A \equiv n'$. Então existe bijeção $f : n' \longrightarrow A$.
5. Sejam $z = f(n)$ e $B = A - \{z\}$.
6. f mostra que $B \equiv n$. Logo B é finito e, pela HI, $\bigcup B$ é finito.
7. É fácil provar que $\bigcup A = z \cup \bigcup B$.
8. Como $z \in A$, z é finito por hipótese.
9. Por (6), (7) e (8) e pelo teorema 2.11.12, $\bigcup A$ é finito. ■

Agora já temos todas as ferramentas necessárias para provar duas afirmativas, generalizações do teorema 2.7.4 (pág. 30), cuja prova ficamos devendo. A primeira afirma que não existe conjunto finito $X = \{x_0, x_1, ..., x_n\}$ tal que $x_0 \in x_1 \in x_2 \in ... \in x_n \in x_0$, e a segunda que não existe sequência infinita de conjuntos, cada um, exceto o primeiro, sendo elemento do anterior. Estes dois fatos são uma aplicação imediata dos dois teoremas apresentados a seguir.

Teorema 2.11.16. *Não existe função, com domínio $n' \in \mathbb{N}$, tal que $(\forall k \in n)(f(k) \in f(k+1))$ e $f(n) \in f(0)$.*

Demonstração:

1. Suponha, por absurdo, que exista tal função f e seja A sua imagem: $A = \{f(0), f(1), ..., f(n)\}$.
2. Da hipótese sai imediatamante que $(\forall x \in A)(x \cap A \neq \varnothing)$.
3. Este fato contraria o Axioma de Regularidade ZF10. Logo, não existe tal função em ZF. ■

Teorema 2.11.17. *Não existe função, com domínio* $\mathbb{N}$, *tal que* $(\forall n \in \mathbb{N})(f(n+1) \in f(n))$.
Demonstração:

1. Suponha, por absurdo, que exista tal função f e seja A sua imagem: $A = \{f(0), f(1), f(2), ...\}$.
2. Da hipótese sai imediatamante que $(\forall n \in \mathbb{N})(f(n+1) \in f(n) \cap A)$.
3. Este fato contraria o Axioma de Regularidade ZF10. Logo, não existe tal função em ZF. ■

E, para fechar a seção, mais uma utilíssima ferramenta.

Teorema 2.11.18. ***Definição por Recursão***
Se $G(x,y)$ *é uma condição funcional, e se* a *é um conjunto, então existe uma função* F *com domínio* $\mathbb{N}$, *tal que:*
(i) $F(0) = a$.
(ii) $(\forall x \in \mathbb{N})[G(F(x), F(x'))]$.
Demonstração:

Seja $\varphi(n, f)$ a seguinte fórmula:

$$\begin{gathered}(f \text{ é função sobre com domínio } n' \in \mathbb{N}) \\ \wedge(f(0) = a) \wedge (\forall p \in n)(G(f(p), f(p')))\end{gathered}$$

1. Prove que φ é condição funcional em $\mathbb{N}$:
2. Por ZF09, a coleção $A = \{f \ / \ (\exists n \in \mathbb{N})(\varphi(n, f))\}$ é um conjunto.
3. Afirmativa: Se $f \in A$ e $p' \in \text{Dom } f$ então vale $G(f(p), f(p'))$.
   3.1. Como $f \in A$, vale $\varphi(n, f)$, com $n' = \text{Dom } f$.
   3.2. Então $p' \in n'$, ou seja: $p \in n$. Então, pela definição de φ, vale $G(f(p), f(p'))$.
4. Seja $\psi(f, m)$ a fórmula $(m = \text{Im } f)$. É imediato que ψ é condição funcional em A.
5. Por ZF09, $B = \{m \ / \ (\exists f \in A)(\psi(f, m))\} =$
   $= \{m \ / \ (\exists f \in A)(m = \text{Im } f)\}$ é um conjunto.

6. Seja $F = \bigcup A$. Prove que $F \subseteq \mathbb{N} \times \bigcup B$.
7. Afirmativa: F é função.
   7.1. Sejam $< x, y > \in F$ e $< x, z > \in F$. Então $< x, y > \in f \in A$ e $< x, z > \in g \in A$.
   7.2. Se, por absurdo, $f(x) \neq g(x)$ então $\{k \in \mathbb{N} \; / \; f(k) \neq g(k)\} \neq \varnothing$.
      7.2.1. Pela Boa Ordem dos Naturais, existe o menor $p \in \mathbb{N}$ tal que $f(p) \neq g(p)$.
      7.2.2. Das definições de A e de φ, tira-se $f(0) = a = g(0)$ e, portanto, $p \neq 0$.
      7.2.3. Se $p \neq 0$ então $\exists q \in \mathbb{N} \; / \; p = q'$. Então, por 7.2.1, tira-se que $f(q) = g(q)$.
      7.2.4. Por (3), valem $(G(f(q), f(q')))$ e $(G(g(q), g(q')))$ e, como G é funcional, sai que $f(p) = f(q') = g(q') = g(p)$. Absurdo. Logo $y = f(x) = g(x) = z$, e F é função.
8. Afirmativa: Dom $F = \mathbb{N}$. A prova é por Indução 1.
   8.1. De (6) tira-se que Dom $F \subseteq \mathbb{N}$.
   8.2. É imediato que $\{< 0, a >\} \in A$. Portanto $< 0, a > \in F$, ou seja: $0 \in$ Dom F.
   8.3. Seja $m \in$ Dom F e é preciso provar que $m' \in$ Dom F.
      8.3.1. $m \in$ Dom $F \Longrightarrow \exists f \in A$ tal que $m \in n' =$ Dom f. Logo, $m' \in n''$.
      8.3.2. Seja g $= \{< x, y > \in n'' \times \bigcup B \; / \; (x \in n' \longrightarrow y = f(x)) \wedge (x = n' \longrightarrow G(f(n), y))\}$.
      8.3.3. Prove que g é função.
      8.3.4. Seja $h : n'' \longrightarrow$ Im g definida por $h(x) = g(x)$.
      8.3.5. Prove que vale $\varphi(n', h)$. Logo, $h \in A$, com Dom $h = n''$.
      8.3.6. $m' \in n'' \Longrightarrow < m', h(m') > \in h \in A \Longrightarrow$ $\Longrightarrow < m', h(m') > \in F \Longrightarrow m' \in$ Dom F.
   8.4. (8.1), (8.2) e (8.3) mostram que Dom $F = \mathbb{N}$.
9. Em (8.2) provou-se que $< 0, a > \in F$, ou seja: $F(0) = a$. Logo, vale a tese (i).

10. Dado $x \in \mathbb{N} \Longrightarrow x' \in \mathbb{N} = \text{Dom } F \Longrightarrow < x', F(x') > \in F \Longrightarrow$
$\Longrightarrow (\exists f_x \in A)(< x', F(x') > \in f_x) \Longrightarrow f_x(x') = F(x')$.
11. $x' \in \text{Dom } f_x \Longrightarrow x \in \text{Dom } f_x \Longrightarrow < x, f_x(x) > \in f_x \in A \Longrightarrow$
$\Longrightarrow < x, f_x(x) > \in F \Longrightarrow f_x(x) = F(x)$.
12. $f_x \in A \Longrightarrow (\exists j)(\varphi(j, f_x)) \Longrightarrow j' = \text{Dom } f_x \Longrightarrow x' \in j' \Longrightarrow$
$\Longrightarrow x \in j \Longrightarrow$ vale $G(f_x(x), f_x(x'))$.
13. Por (10), (11) e (12) conclui-se que vale $G(F(x), F(x'))$, ou seja: vale (ii). ■

2.12 O conjunto infinito de Dedekind

Em um daqueles trabalhos de Cantor que comentamos no início do capítulo 1, o alemão desmistificou de vez o até então nebuloso mundo dos conjuntos infinitos, mostrando que o tamanho infinito do conjunto dos números reais é maior que o tamanho infinito do conjunto dos números naturais. Este trabalho será detalhado mais à frente no capítulo sobre os cardinais. Entretanto, Cantor não foi pioneiro neste assunto. Algum tempo antes, seu amigo e professor, o também alemão Richard Dedekind, já havia conseguido algum progresso nesta direção. Em 1888, Dedekind publicou um trabalho [8] no qual observou que os quadrados dos números naturais podiam ser colocados em correspondência 1 a 1 com os próprios naturais:

$$\begin{array}{cccccc} 1 & 2 & 3 & 4 & 5 & \ldots \\ \updownarrow & \updownarrow & \updownarrow & \updownarrow & \updownarrow & \ldots \\ 1 & 4 & 9 & 16 & 25 & \ldots \end{array}$$

O fato do conjunto dos naturais ser equipotente a uma parte própria dele mesmo, Dedekind interpretou como sendo a própria essência de conjunto infinito, e propôs as seguintes definições:

Definições:

1. Um conjunto é **Reflexivo**, ou **Dedekind infinito**, se for equipotente a uma parte própria dele mesmo. Equivalentemente, o conjunto X é reflexivo se existe $f : X \longrightarrow X$ injetora, mas não sobre.
2. Um conjunto é **Dedekind-finito** se não for reflexivo ou, equivalentemente, se toda função $f : X \longrightarrow X$ injetora também for sobre.

Infelizmente, Dedekind não aproveitou esta descoberta para se aprofundar no universo dos conjuntos infinitos. Não percebeu, por exemplo, que há diferentes infinitos, coisa que somente Cantor o faria alguns anos depois.

Teorema 2.12.1. *Se X é reflexivo, e Y é equipotente a X, então Y também é reflexivo.*

Teorema 2.12.2. *Se X é reflexivo então existe $g : X \longrightarrow X$ sobre, mas não injetora.*
Demonstração:

1. X reflexivo $\Longrightarrow \exists f : Y \longrightarrow X$ sobre e 1 a 1, com $Y \subsetneq X$.
2. Defina $g : X \longrightarrow X$ por

$$g(x) = \left\{ \begin{array}{lll} f(x) & \text{se} & x \in Y \\ x & \text{se} & x \notin Y \end{array} \right\}$$

3. g é sobre porque f é sobre, e vamos provar que g não é 1 a 1.
4. Pelas condições de X e Y, posso escolher $y \in X - Y$.
5. Como $y \in X$ e f é sobre, existe $x \in Y$ com $f(x) = y$. Então, $x \neq y$, pois $x \in Y$ e $y \notin Y$.
6. Por outro lado, pela definição de g, $g(x) = f(x) = y = g(y)$. Portanto g não é 1 a 1. ■

Como consequência imediata dos teoremas 2.12.2 e 2.11.5 temos:

Teorema 2.12.3. *Todo conjunto reflexivo é infinito.*

A recíproca desta afirmação, de que todo conjunto infinito é reflexivo, também é verdade, mas a prova **necessita** do Axioma da Escolha que exploraremos no capítulo 3. A prova está no teorema 4.3.12 (pág. 94). Está somente no capítulo 4 porque escolhemos para sua demonstração um argumento que necessita da noção de ordinal.

Teorema 2.12.4. *O conjunto $\mathbb{N}$ dos naturais é reflexivo.*
Demonstração:

A função sucessor $f : \mathbb{N} \longrightarrow \mathbb{N}$, definida por $f(x) = x'$, é 1 a 1, e sua imagem é $\mathbb{N} - \{0\}$. Portanto, $\mathbb{N} \equiv \mathbb{N} - \{0\}$, ou seja: $\mathbb{N}$ é reflexivo. ■

Copiando a ideia dos teoremas 2.11.10 e 2.11.11 temos:

Teorema 2.12.5. *Se X é reflexivo e se $X \subseteq Y$ então Y também é reflexivo.*

Teorema 2.12.6. *Se A é Dedekind-finito então $(\forall k)(A \cup \{k\})$ também é Dedekind-finito.*
Demonstração:

Suponha $f : A \cup \{k\} \longrightarrow A \cup \{k\}$ 1 a 1 e vamos provar que é sobre.
1. Se $k \in A$ o resultado é imediato. Então, vamos supor $k \notin A$.
2. Caso 1: $(\forall x \in A)(f(x) \in A)$.
   2.1. Neste caso $f|_A : A \longrightarrow A$ é 1 a 1 pois f é 1 a 1.
   2.2. Como A é Dedekind-finito, $f|_A$ é sobre.
   2.3. Também $f(k) = k$, pois f é 1 a 1. Logo, f é sobre.
3. Caso 2: $(\exists x_0 \in A)(f(x_0) = k)$.
   3.1. Como f é 1 a 1 e $k \notin A$ tem-se
   $(\forall x \in A)[(x \neq x_0) \longrightarrow (f(x) \in A)]$ e também, $f(k) \in A$.
   3.2. Seja $g : A \longrightarrow A$ definida por

$$g(x) = \left\{ \begin{array}{lll} f(x) & \text{se} & x \neq x_0 \\ f(k) & \text{se} & x = x_0 \end{array} \right\}$$

3.3. g está bem definida, pois $(\forall x \in A)(g(x) \in A)$.
3.4. Como f é 1 a 1, g também é. Logo g é sobre.
3.5. Consequentemente, f é sobre. ■

Uma consequência do teorema 2.11.6 é o

Teorema 2.12.7. *Os números naturais são Dedekind-finitos.*

2.13 O conjunto infinito de Tarski

Assim como Dedekind, o polonês Alfred Tarski também apresentou uma definição de conjunto infinito [16] que não faz uso dos naturais. Por isto decidimos colocá-la neste livro, porque assim teremos uma quarta opção de axioma para conjuntos infinitos, como prometido anteriormente.

Definições:
1. Um conjunto X é **T-infinito** se existe uma família não vazia de subconjuntos de X sem elemento minimal relativamente à inclusão, ou seja: F é uma tal família se

$$(F \subseteq \mathbb{P}(X)) \wedge (F \neq \varnothing) \wedge [(\forall A \in F)(\exists B \in F)(B \subsetneq A)]$$

2. X é **T-finito**, se não for T-infinito. Ou seja: X é **T-finito** se toda família não vazia de subconjuntos de X tem elemento minimal relativamente à inclusão.

Para ver que a definição de T-infinito é mesmo natural, comece com um subconjunto A_1 de X. Como X não tem elemento minimal relativo à inclusão, existe $A2 \subsetneq A1$. Depois, existe $A3 \subsetneq A2$, e assim sucessivamente, indefinidamente.

Agora alguns teoremas sobre conjuntos T-finitos.

Teorema 2.13.1. *$\varnothing$ é T-finito.*

Teorema 2.13.2. *Se A é T-finito e A é equipotente a B, então B também é T-finito.*

Teorema 2.13.3. *Se A é T-finito, então $(\forall k)(A \cup \{k\})$ é T-finito.*
Demonstração:

1. Seja $F \subseteq \mathbb{P}(A \cup \{k\})$ com $F \neq \varnothing$.
2. Se $k \in A$ então $F \subseteq \mathbb{P}(A)$.
   Logo F tem elemento minimal, pois A é T-finito. FIM.
3. Então vamos supor $k \notin A$, e seja $G = \{B \in F \ / \ B \subseteq A\} \subseteq \mathbb{P}(A)$.
   3.1. Caso 1: $G \neq \varnothing$.
      3.1.1. Neste caso existe $D \in G$, D minimal em G.
      3.1.2. Afirmativa: D é minimal em F. De fato:
      $E \in F$ com $E \subseteq D \Longrightarrow E \subseteq A \Longrightarrow E \in G \Longrightarrow E = D$.
   3.2. Caso 2: $G = \varnothing$.
      3.2.1. Neste caso $(\forall B \in F)(k \in B)$.
      3.2.2. Seja $H = \{B - \{k\} \ / \ B \in F\}$.
      3.2.3. Então $H \subseteq \mathbb{P}(A)$ e $H \neq \varnothing$, pois $F \neq \varnothing$.
      3.2.4. Logo, existe D minimal em H.
      3.2.5. Afirmativa: $D \cup \{k\}$ é minimal em F. De fato:
      Dado $E \in F$ com $E \subseteq D \cup \{k\}$ então
      $E - \{k\} \subseteq D$ e $E - \{k\} \in H$.
      Logo, como D é minimal em H, $E - \{k\} = D \Longrightarrow$
      $\Longrightarrow E = D \cup \{k\}$.
4. Portanto, em qualquer caso F tem elemento minimal. ■

Agora uma ferramenta muito útil na caracterização dos conjuntos T-finitos.

Teorema 2.13.4. *Seja $\varphi(X)$ a seguinte fórmula:*
"Se $F \subseteq \mathbb{P}(X)$ é tal que:
(i) $\varnothing \in F$.
(ii) Se $A \in F$ e $x \in X$ então $A \cup \{x\} \in F$.
então $X \in F$".
Então X é T-finito, se e somente se, $\varphi(X)$.
Demonstração:

($\Longrightarrow$) Suponha X T-finito e seja F a família da fórmula $\varphi(X)$.
1. Seja $G = \{X - A \;/\; A \in F\}$.
   Como $\varnothing \in F$, tem-se $X \in G$. Portanto, $G \neq \varnothing$.
2. Como X é T-finito, existe B minimal em G.
3. Como $B \in G$, $B = X - A$ com $A \in F$.
4. Suponhamos, por absurdo, $B \neq \varnothing$, e seja $x \in B$.
   4.1. Então, por (ii) $A_1 = A \cup \{x\} \in F$.
   4.2. Seja $B_1 = X - A_1$. Então $B_1 \in G$ e $B_1 \subsetneq B$.
   Contradição, pois B é minimal.
   4.3. Logo, $B = \varnothing$, ou seja: $X = A$. Portanto $X \in F$, ou seja: vale $\varphi(X)$.

($\Longleftarrow$) Suponha que vale $\varphi(X)$ e vamos provar que X é T-finito.
1. Seja F a família dos subconjuntos T-finitos de X.
   Então $F \subseteq \mathbb{P}(X)$.
2. Pelo teorema 2.13.1 $\varnothing \in F$, ou seja: vale (i) de $\varphi(X)$.
3. Pelo teorema 2.13.3 vale (ii) de $\varphi(X)$.
4. Por hipótese vale $\varphi(X)$. Então, por (1), (2) e (3) conclui-se que $X \in F$.
5. Então, pela definição de F, X é T-finito. ■

Teorema 2.13.5. *X é T-finito, se e somente se, X é finito.*
Demonstração:

($\Longrightarrow$)
Seja $\varphi(X)$ a fórmula do teorema 2.13.4 para a família F dos subconjuntos **finitos** de X. Por definição, $\varnothing \in F$. Logo vale (i) de $\varphi(X)$. Pelo teorema 2.11.11 (pág. 47) vale (ii) de $\varphi(X)$. Então, como X é T-finito, vale $\varphi(X)$. Logo $X \in F$, ou seja: X é finito.

($\Longleftarrow$)
Por indução em $n \in \mathbb{N}$ e os teoremas 2.13.1 e 2.13.3, prova-se que $(\forall n \in \mathbb{N})(n$ é T-finito$)$. Em seguida, usando o teorema 2.13.2, conclui-se que todo conjunto finito é T-finito. ■

Teorema 2.13.6. *Se X é reflexivo então X é T-infinito.*
Demonstração:

É mais facil provar que, se X é T-finito então X é Dedekind-finito.

Seja $\varphi(X)$ a fórmula do teorema 2.13.4 para a família F dos subconjuntos **Dedekind-finitos** de X. Pelo teorema 2.12.7 (pág. 55), vale (i) de $\varphi(X)$. Pelo teorema 2.12.6 (pág. 54) vale (ii) de $\varphi(X)$. Então, como X é T-finito, vale $\varphi(X)$. Logo $X \in F$, ou seja: X é Dedekind-finito. ■

A recíproca deste teorema, que afirma que "todo conjunto T-infinito é reflexivo" também é verdadeira mas, novamente, para a demonstração é necessário o uso do Axioma da Escolha. A demonstração é uma combinação dos teoremas 2.13.5 e 4.3.12. Este último diz que todo conjunto infinito é reflexivo.

2.14 Quatro versões do Axioma de Infinitude

Observe que, tanto a definição de Dedekind para conjunto infinito, quanto a de Tarski, não necessitam da existência do conjunto dos naturais. Então, é possível se ter mais duas versões do Axioma de Infinitude, como prometido no início da seção 2.8

ZF08c. Infinitude 3 (Dedekind). Existe um conjunto reflexivo. Em símbolos:

$$(\exists x)(\exists y)[(y \subsetneq x) \wedge (x \equiv y)]$$

ZF08d. Infinitude 4 (Tarski). Existe um conjunto T-infinito. Em símbolos: $(\exists x)(\exists y \subseteq \mathbb{P}(x))[(y \neq \varnothing) \wedge (\forall z \in y)(\exists t \in y)(t \subsetneq z)]$

Recapitulando:

ZF08a. Infinitude 1. Cria os naturais de Zermelo.
ZF08b. Infinitude 2. Cria os naturais de von Neumann ($\mathbb{N}$).
ZF08c. Infinitude 3. Afirma que existe um conjunto reflexivo.
ZF08d. Infinitude 4. Afirma que existe um conjunto T-infinito.

Para mostrar a equivalência destas quatro opções do Axioma de Infinitude, quatro meta-teoremas formam um ciclo:

Meta-Teorema 4. Infinitude 1 $\Longrightarrow$ Infinitude 3.
Meta-Teorema 5. Infinitude 3 $\Longrightarrow$ Infinitude 4.
Meta-Teorema 6. Infinitude 4 $\Longrightarrow$ Infinitude 2.
Meta-Teorema 7. Infinitude 2 $\Longrightarrow$ Infinitude 1.

Agora as demonstrações destes quatro meta-teoremas.

Meta-Teorema 4. Infinitude 1 $\Longrightarrow$ Infinitude 3.
Demonstração:

1. Seja N_1 o conjunto que existe por força do Axioma ZF08a.
2. Seja $f : N_1 \longrightarrow N_1$ definida por $f(x) = \{x\}$.
3. f é 1 a 1, mas não é sobre, já que $\varnothing \in N_1$ e $(\forall x \in N_1)(f(x) \neq \varnothing)$
4. Logo, N_1 é reflexivo e vale o Axioma de Infinitude 3. ■

Meta-Teorema 5. Infinitude 3 $\Longrightarrow$ Infinitude 4.
Demonstração: É imediata do teorema 2.13.6. ■

Meta-Teorema 6. Infinitude 4 $\Longrightarrow$ Infinitude 2.
Demonstração: Na página 95, logo após o teorema 4.3.13.■

Meta-Teorema 7. Infinitude 2 $\Longrightarrow$ Infinitude 1.
Demonstração:

Infinitude 2 garante a existência de $\mathbb{N}$ e, usando isto vamos construir um conjunto infinito com os naturais de Zermelo, usando a Definição por Recursão (teorema 2.11.18) (pág. 50) que supõe a existência de $\mathbb{N}$ na sua formulação.

1. Seja $G(x, y)$ definida pela fórmula $y = \{x\}$, e seja $a = \varnothing$.
   É óbvio que G é condição funcional.
2. Então, pelo teorema 2.11.18, existe função F, com domínio $\mathbb{N}$ e:
   2.1. $F(\varnothing) = a = \varnothing$.
   2.2. $(\forall n \in \mathbb{N})G(F(n), F(n'))$, ou seja: $(\forall n \in \mathbb{N})(F(n') = \{F(n)\})$.
3. Seja $X = \operatorname{Im} F$.
   3.1. Por (2.1), $\varnothing \in X$.
   3.2. $x \in X \Longrightarrow (\exists n \in \mathbb{N})(x = F(n)) \Longrightarrow$
   $\Longrightarrow \{x\} = \{F(n)\} = F(n') \in X$, usando (2.2).
4. (3.1) e (3.2) mostram que X satisfaz as condições de ZF08a. ■

Capítulo 3

O AXIOMA DA ESCOLHA

3.1 As razões de ser um axioma especial

A primeira referência ao Axioma da Escolha, que se tem notícia, aparece em um trabalho do italiano Giuseppe Peano de 1890 [14], no qual, em certo ponto, aparecia a necessidade de se associar, a cada coleção não vazia de uma família infinita, um elemento da referida coleção.

Na oportunidade ficou claro a Peano que, embora fosse válido associar a **uma** coleção não vazia um elemento dela, a repetição deste processo infinitas vezes não tinha exatamante um fundamento rigoroso. Ele, então, assumiu que, com as condições certas, isto poderia ser feito.

Uma formulação mais rigorosa deste princípio só foi feita em 1904 por Zermelo [17] na demonstração do seu "Princípio da Boa Ordem" que diz que todo conjunto não vazio admite uma boa ordem. Aliás, como veremos mais adiante, este teorema, não apenas é consequência do Axioma da Escolha, como é **equivalente** a ele.

Antes de apresentar o novo axioma, uma definição:

Definição: Seja X uma família não vazia de conjuntos não vazios. Então, $f : X \longrightarrow \bigcup X$ é uma **função escolha** em X se $(\forall A \in X)(f(A) \in A)$.

AE. Axioma da Escolha. Se $X \neq \varnothing$ e $\varnothing \notin X$, então existe uma função escolha em X. Em símbolos:

$$(\forall X)[(X \neq \varnothing \wedge \varnothing \notin X) \longrightarrow (\exists f)((f : X \longrightarrow \bigcup X) \\ \wedge(\forall A)(A \in X \longrightarrow f(A) \in A))]$$

Há casos em que se pode definir uma função escolha **sem** a necessidade do axioma. Por exemplo, a demonstração do próximo teorema encontra uma função escolha para uma família finita qualquer.

Teorema 3.1.1. *Se $X \neq \varnothing$ é finito e $(\forall A \in X)(A \neq \varnothing)$ então existe uma função escolha em X.*
Demonstração:

Por indução no número de elementos de X

1. Se X tem apenas um elemento, digamos A, seja $a \in A$. Então a função $\{< A, a >\}$ é solução.
2. Suponhamos então, que X tenha $n > 1$ elementos, digamos $A_1, ..., A_n$, e que o teorema valha para famílias com $n - 1$ elementos.
3. Pela Hipótese de Indução, existe função escolha f em $\{A_1, ..., A_{n-1}\}$.
4. Como $A_n \neq \varnothing$, existe $y \in A_n$. Então $g = f \cup \{< A_n, y >\}$ é função escolha em X.
5. Logo, o teorema vale para qualquer conjunto finito. ■

Há casos de famílias **infinitas** que também admitem função escolha sem a necessidade do **AE**:

Exemplo. Seja X uma família não vazia de conjuntos A não vazios, cada conjunto A com uma boa ordem R_A. Para cada conjunto A da família X, seja m_A o menor elemento de A pela boa ordem R_A. Então, $\{z \in X \times \bigcup X \ / \ z =< A, m_A >\}$ é uma função escolha em X. ■

Os dois exemplos acima dão uma ideia da dificuldade de se encontrar uma função escolha para uma família qualquer. Se a família é finita, o teorema 3.1.1 mostrou como se monta uma tal família. Mas, se a família for infinita, há a necessidade de se ter algum algoritmo para escolher um elemento de cada conjunto da família, como é o caso do exemplo acima.

Aliás, sempre é bom enfatizar, o problema aqui não é imaginar uma coleção que tenha exatamente um elemento de cada membro da família infinita, mas montar esta coleção **dentro** da teoria ZF, ou seja: provar que esta tal coleção é um **conjunto**.

Ficou famoso o argumento jocoso de Bertand Russell, sobre este problema, dizendo que é necessário o Axioma da Escolha para escolher um pé de cada par de uma coleção infinita de pares de **meia**, mas não há necessidade do axioma se a coleção for de pares de **sapato**.

Para sentir como é difícil definir uma função escolha, tente, por exemplo, imaginar um algoritmo que determine um elemento para cada subconjunto não vazio dos números reais. Este algoritmo seria a função escolha na família de partes não vazias dos reais.

Esta dificuldade, de se achar uma função escolha, mostra que o Axioma da Escolha não é realmente intuitivo, contrastando com todos os outros axiomas de ZF. Esta natureza diferente lhe valeu as primeiras objeções – afinal um axioma deve ser, em princípio, simples e evidente – e um lugar destacado na Teoria dos Conjuntos.

Outra fonte de objeções é a possibilidade de se obter – com o uso do Axioma da Escolha – resultados que fogem completamente à nossa intuição. Um deles é o Princípio da Boa Ordem de Zermelo que afirma que qualquer conjunto não vazio admite uma boa ordem, e ninguém consegue imaginar, por exemplo, uma boa ordem para o conjunto dos números reais $\Re$.

3.2 Consequências do Axioma da Escolha

Apesar de pouco intuitivo, como vimos acima, o Axioma da Escolha dá tantos resultados úteis que fica difícil pensar em se ter uma matemática sem ele. E para demonstrar sua força, listamos abaixo cinco teoremas que (e isto pode ser provado) **não podem ser demonstrados sem o Axioma da Escolha**, isto é: **não são** consequência **somente** dos axiomas 1 a 10.

1. Todo conjunto infinito tem um subconjunto enumerável.

2. Uma união enumerável de enumeráveis é enumerável.

3. Todo espaço vetorial tem uma base.

4. Teorema de Nielsen–Schreier: Todo subgrupo de um grupo livre é livre.

5. Teorema de Tychonoff: O produto de uma família de espaços topológicos compactos é compacto na topologia produto.

3.3 Equivalências ao Axioma da Escolha

Além dos teoremas listados acima, há outros muito úteis que – mais que consequência – são **equivalentes** ao Axioma da Escolha no sentido de que na Teoria ZF + AE eles são teoremas e, se qualquer um deles for axioma de ZF, então AE é um teorema.

Antes vamos mostrar duas generalizações de produto cartesiano.

A motivação para se chegar à primeira generalização é a seguinte: Dado o produto cartesiano $A \times B$, seja $X = \{A, B\}$ e associe a cada elemento $< a, b >$ de $A \times B$ a função $f : X \longrightarrow A \cup B$ definida por $f(A) = a$ e $f(B) = b$. As funções f são exatamente as funções escolha em X, e a associação é uma bijeção, ou seja: o conjunto das funções escolha de $\{A, B\}$ é equipotente a $A \times B$. Com isto em mente, definimos:

Definição: O **produto cartesiano generalizado** de uma família X é o conjunto das funções escolha em X. Em símbolos:

$$\Pi(X) = \{f : X \longrightarrow \bigcup X \ / \ (\forall A \in X)(f(A) \in A)\}$$

Com esta definição, **AE** pode ser escrito de modo mais elegante:

AE. Axioma da Escolha. Se $X \neq \varnothing$ e $\varnothing \notin X$, então $\Pi X \neq \varnothing$.

A segunda generalização é o que alguns autores chamam de **produto externo** da família X, e é definido como sendo o conjunto

$$P(X) = \{B \subseteq \bigcup X \ / \ (\forall A \in X)(\exists z)(A \cap B = \{z\})\}$$

Observe que os elementos de $P(X)$ têm exatamente 1 elemento em comum com cada elemento da família X. Por isto, os elementos de $P(X)$ são chamados de **conjuntos escolha** da família X.

O próximo resultado justifica o nome de "produto" para $P(X)$.

Teorema 3.3.1. *Se os elementos de X são disjuntos dois a dois, então $\Pi(X)$ e $P(X)$ são equipotentes.*
Demonstração:

1. Defina $F : \Pi(X) \longrightarrow P(X)$ com a regra $F(f) = \text{Im } f$.
2. Afirmativa: F é bem definida, isto é: $(\forall f \in \Pi(X))(\text{Im } f \in P(X))$.
   2.1. Como $f \in \Pi(X)$, deduz-se que $\text{Im } f \subseteq \bigcup X$.
   2.2. Seja $A \in X$. Então, $f \in \Pi(X) \Longrightarrow f(A) \in A \Longrightarrow$
   $\Longrightarrow \{f(A)\} \subseteq A \cap \text{Im } f$.
   2.3. Seja $z \in A \cap \text{Im } f$. Então, $(\exists B \in X)(z = f(B)) \Longrightarrow z \in B$ pois $f \in \Pi(X)$.
   2.4. De (2.3) sai que $z \in A \cap B$. Logo $A = B$, pois em X elementos diferentes são disjuntos.
   2.5. Por (2.3) e (2.4), $(z = f(B)) \Longrightarrow (z = f(A) \in \{f(A)\}) \Longrightarrow$
   $\Longrightarrow (A \cap \text{Im } f) \subseteq \{f(A)\}$.
   2.6. De (2.2) e (2.5) sai que $A \cap \text{Im } f = \{f(A)\}$. Deste fato e de (2.1) sai que $\text{Im } f \in P(X)$.
3. F é 1 a 1: Sejam $f, g \in \Pi(X)$ com $F(f) = F(g)$.
   3.1. É obvio que que $\text{Im } f = \text{Im } g$ e $\text{Dom } f = X = \text{Dom } g$.
   3.2. Agora, $(A \in X) \Longrightarrow g(A) \in A \cap \text{Im } g = A \cap \text{Im } f$, por (3.1).
   3.3. Como $A \cap \text{Im } f$ é conjunto unitário, $f(A) = g(A)$.
   3.4. (3.1) e (3.3) mostram que $f = g$.
4. Para provar que F é sobre, seja $B \in P(X)$. Então
   $(\forall A \in X)(A \cap B = \{z_A\}$.
   4.1. Defina $f : X \longrightarrow \bigcup X$ por $f(A) = z_A \in A$. Logo, $f \in \Pi(X)$.
   4.2. Dado $(x \in F(f)) \Longrightarrow (x \in \text{Im } f) \Longrightarrow (\exists A \in X)(x = z_A) \Longrightarrow$
   $\Longrightarrow x \in B$.
   4.3. Por outro lado, $(x \in B \in P(X)) \Longrightarrow$
   $\Longrightarrow (\forall A \in X)(x = z_A = f(A) \in \text{Im } f = F(f))$.
   4.4. (4.2) e (4.3) provam que $F(f) = B$. Então, F é sobre.
5. (2), (3) e (4) mostram que F é bijeção. Portanto, $\Pi(X) \equiv P(X)$.■

Faltam só algumas definições para que possamos apresentar nossa lista de equivalências do **AE**.

Definição: Seja $(A, <)$ um conjunto parcialmente ordenado.

1. Uma **cadeia** em A é qualquer subconjunto de A totalmente ordenado por $<$.
2. $y \in A$ é **elemento maximal** se $(\nexists x \in A)(y < x)$.
3. Dado $B \subseteq A$ e $y \in A$, y é **restrição superior de** B se $(\forall x \in B)(x \leq y)$.
4. O **supremo de** B é a menor restrição superior de B.

Definição: Uma família X de conjuntos tem **caráter finito**, se

$$(\forall A)[A \in X \longleftrightarrow (\forall B \subseteq A)(B \text{ finito} \longrightarrow B \in X)].$$

(Atenção na implicação bidirecional)

A seguir uma lista de cinco fórmulas que são equivalentes ao AE.

Escolhemos só estas, porque nosso objetivo aqui é somente justificar a excepcionalidade do Axioma da Escolha. Entretanto, no capítulo 5, sobre cardinais, acrescentaremos outras fórmulas a esta lista. Para uma lista bem abrangente, o leitor interessado pode consultar, por exemplo, Rubin & Rubin [15].

Axioma Multiplicativo. Se $\varnothing \notin X \neq \varnothing$ e se os elementos de X são disjuntos dois a dois, então $P(X) \neq \varnothing$.

Axioma da Inversa. Toda função sobre tem inversa à direita. Em símbolos:

$$f : X \longrightarrow Y \text{ sobre } \Longrightarrow \exists g : Y \longrightarrow X \ / \ (\forall y \in Y)(f(g(y)) = y)$$

Princípio da Boa Ordem. Todo conjunto não vazio admite uma boa ordem.

Lema de Zorn. Se A é um conjunto não vazio, parcialmente ordenado, no qual toda cadeia tem supremo, então A tem um elemento maximal.

Lema de Tukey. Toda família não vazia de conjuntos, com caráter finito, tem um elemento maximal com relação à inclusão ($\subseteq$).

A demonstração das equivalências seguirá o seguinte esquema:

1. Os meta-teoremas 8 e 9 provam AE $\Longleftrightarrow$ Axioma Multiplicativo.
2. Os meta-teoremas 10 e 11 provam AE $\Longleftrightarrow$ Axioma da Inversa.
3. Os meta-teoremas 12 e 13 provam Zorn $\Longleftrightarrow$ Tukey.
4. O meta-teorema 14 prova Zorn $\Longrightarrow$ Princípio da Boa Ordem.
5. O meta-teorema 15 prova Princípio da Boa Ordem $\Longrightarrow$ AE.
6. O meta-teorema 16 prova AE $\Longrightarrow$ Zorn.

3.3.1 Demonstrações das equivalências

Meta-Teorema 8. AE $\Longrightarrow$ Axioma Multiplicativo.
Demonstração:

Seja $X \neq \varnothing$ com $\varnothing \notin X$ e com os elementos de X disjuntos dois a dois. Por AE, $\Pi(X) \neq \varnothing$. Logo, $P(X) \neq \varnothing$, pelo teorema 3.3.1. ■

Meta-Teorema 9. Axioma Multiplicativo $\Longrightarrow$ AE.
Demonstração:

Seja $X \neq \varnothing$ com $\varnothing \notin X$. Seja $Y = \{\{x\} \times x \ / \ x \in X\}$. É fácil provar que Y satisfaz as hipóteses do Axioma Multiplicativo e, portanto $\exists B \in P(Y)$. Vamos provar agora que este conjunto escolha B é **também** uma função escolha em X.

1. $B \in P(Y) \Longrightarrow B \subseteq \bigcup Y$, pela definição de $P(Y)$.
2. $B \subseteq X \times \bigcup X$:
   $z \in B \Longrightarrow z \in \bigcup Y \Longrightarrow (z \in y \in Y) \Longrightarrow (\exists x \in X)(z \in \{x\} \times x)$.
   Logo, $(\exists b \in x)(z = < x, b >) \Longrightarrow z \in X \times \bigcup X$.
3. Da prova acima se tira que se $< x, y > \in B$ então $y \in x$.
4. B é função.
   4.1. Sejam $< x, a > \in B$ e $< x, b > \in B$.
   4.2. De $< x, a > \in B$ e de (3) se tira que $a \in x$.
   4.3. Logo, $< x, a > \in (\{x\} \times x) \cap B$.
   4.4. Analogamente se prova que $< x, b > \in (\{x\} \times x) \cap B$.
   4.5. Pela definição de $P(Y)$, o conjunto $\{(\{x\} \times x) \cap B\}$ é unitário. Logo, $a = b$.
5. B é função escolha em X.
   Seja $< x, a > \in B$. Então, por (3), $a \in x$, ou seja: $B(x) \in x$. ■

Meta-Teorema 10. AE $\Longrightarrow$ Axioma da Inversa.
Demonstração:

Seja $f : X \longrightarrow Y$ sobre. Temos de achar $g : Y \longrightarrow X$ tal que $(\forall y \in Y) f(g(y)) = y$.

1. Se $Y = \varnothing$ então $g = \varnothing \times X$ é função que satisfaz a tese vaziamente.
2. Se $Y \neq \varnothing$, seja $Z = \{f^{-1}(y) \ / \ y \in Y\}$ o conjunto das imagens inversas de y por f.
3. Como f é sobre, Z satisfaz as hipóteses de AE. Então existe função escolha h em Z.
4. Então $h(f^{-1}(y)) = z \in f^{-1}(y)$, ou seja: $f(h(f^{-1}(y))) = f(z) = y$.
5. Seja $g : Y \longrightarrow X$ definida por $g(y) = h(f^{-1}(y))$. Então, $f(g(y)) = y$. ■

Meta-Teorema 11. Axioma da Inversa $\Longrightarrow$ AE.
Demonstração:

1. Dado $X \neq \varnothing$ com $\varnothing \notin X$, defina a relação $R = \{< x, y > \in X \times \bigcup X \ / \ y \in x\}$.
2. Como $\varnothing \notin X$, obtém-se Dom $R = X$.
3. Defina $h : R \longrightarrow X$ por $h(< x, y >) = x$. h é sobre, pois todos os elementos de X são não vazios.
4. Então, pelo Axioma da Inversa, existe $g : X \longrightarrow R$ tal que $g(x) =< x, y >$ com $y \in x$.
5. Seja F : Im $g \longrightarrow \bigcup X$ definida por $F(< x, y >) = y$.
6. Então $f = F \circ g : X \longrightarrow \bigcup X$ é função escolha em X. ■

A demonstração do próximo meta-teorema precisa do teorema abaixo, que é provado por indução no número de elementos da cadeia.

Teorema 3.3.2. *Em toda cadeia* ***finita****, não vazia, um de seus elementos é o maior de todos da cadeia.*

Meta-Teorema 12. Lema de Zorn $\Longrightarrow$ Lema de Tukey.
Demonstração:

1. Seja $X \neq \varnothing$, X de caráter finito.
2. Para achar em X um elemento maximal, com relação à ordem $\subseteq$, vamos mostrar que, em X, toda cadeia, da ordem $\subseteq$, tem supremo e usar Zorn.
3. Seja então $K \subseteq X$ uma cadeia, e seja $B = \bigcup K$. Vamos provar que B é o supremo de K.
4. Afirmativa: Se $A \subseteq B$, e A é finito, então $A \in X$.
   4.1. A ideia é achar $m \in X$ tal que $A \subseteq m$. Como X tem caráter finito, deste fato se conclui que $A \in X$.
   4.2. Se $A = \varnothing$ então qualquer m de X satisfaz. Suponhamos então $A \neq \varnothing$.
   4.3. $A \subseteq \bigcup K \Longrightarrow (\forall x \in A)(\exists y_x \in K)(x \in y_x)$.
   Seja $Y = \{y_x \in K \ / \ x \in A\}$.
   4.4. Como A é finito e não vazio, Y também é finito e não vazio.
   4.5. Como $Y \subseteq K$, e K é cadeia, Y também é cadeia.
   4.6. Pelo teorema 3.3.2, $\exists m \in Y$ tal que $(\forall y \in Y)(y \subseteq m)$.
   4.7. Então $(\forall x \in A)(x \in y_x \subseteq m) \Longrightarrow A \subseteq m$.
   4.8. Além disto, $m \in Y \subseteq K \subseteq X \Longrightarrow m \in X$.
   4.9. Como X tem caráter finito e $m \in X$ e $A \subseteq m$ é finito, conclui-se que $A \in X$.
5. Como X tem caráter finito, conclui-se de (4) que $B \in X$.
6. Pelo teorema 2.5.2 (pág. 23), $B = \bigcup K$ é uma restrição superior de K relativo a $\subseteq$.
7. Além disto, se D é uma restrição superior de K, relativo a $\subseteq$, então $\bigcup K \subseteq D$.
8. Logo, B é o supremo de K relativo a $\subseteq$.
9. Então, por Zorn, X tem elemento maximal relativo a $\subseteq$, ou seja: vale o Lema de Tukey.■

Meta-Teorema 13. Lema de Tukey $\Longrightarrow$ Lema de Zorn.
Demonstração:

1. Seja $(A, <)$, A não vazio, no qual toda cadeia tem supremo.
2. Seja F o conjunto das cadeias de A.
3. F tem caráter finito, porque todo subconjunto de cadeia é cadeia.
4. $A \neq \varnothing \Longrightarrow \exists\, a \in A \Longrightarrow \{a\} \in F \Longrightarrow F \neq \varnothing$.
5. Por Tukey, F tem um elemento Q maximal com relação a $\subseteq$.
6. Como Q é cadeia, por (1) $\exists p \in A$ supremo de Q pela ordem $<$.
7. Agora, $x \in A \Longrightarrow \{x\} \in F \Longrightarrow \{x\} \subseteq Q \Longrightarrow x \in Q \Longrightarrow x \leq p$.
   Portanto p é elemento maximal de A. ■

Meta-Teorema 14. Lema de Zorn $\Longrightarrow$ Princípio da Boa Ordem.
Demonstração:

1. Dado $X \neq \varnothing$, seja $P = \{A \subseteq X \;/\; A \text{ tem uma boa ordem } \leq_A\}$.
2. Seja $\preceq$ relação em P definida por: $A \preceq B$ se e somente se:
   (i) $A \subseteq B$.
   (ii) $(\forall x, y \in A)[(x \leq_A y) \longrightarrow (x \leq_B y)]$.
   (iii) $(\forall x \in A)(\forall y \in B - A)(x \leq_B y)$.
3. Prove que $\preceq$ é relação de ordem em P.
4. Seja Q cadeia em $(P, \preceq)$, seja $D = \bigcup Q$, e seja
   $\leq_D = \bigcup\{\leq_A \;/\; A \in Q\}$.
5. Prove que $\leq_D$ é boa ordem em D.
6. Portanto, D com a boa ordem $\leq_D$, é elemento de P.
7. Prove que D é supremo de Q. Logo, em P, toda cadeia tem supremo.
8. Por Zorn, existe $M \in P$, com boa ordem $\leq_M$, maximal em P.
9. Vamos provar que $M = X$. Primeiro, $M \in P \Longrightarrow M \subseteq X$.
   9.1. Se, por absurdo, $\exists x \in X - M$, seja $A = M \cup \{x\}$.
   9.2. Defina em A a ordem
   $\leq_A = \leq_M \cup \{< m, x > \;/\; m \in M\} \cup < x, x >$.

9.3. Prove que $A \in P$ com a ordem $\leq_A$, e que $M \prec A$. Contradição, pois M é maximal.

9.4. Logo, $X = M$, ou seja: $\leq_M$ é a boa ordem de X. ■

Obs.: Veja que a demonstração acima, que acha uma boa ordem para X, não é construtiva, pois a ordem $<_M$ é achada via Zorn. Acontece que **todas** as demonstrações conhecidas do Princípio da Boa Ordem têm esta característica. Esta, então, é mais uma das razões porque ninguém conhece uma boa ordem dos reais.

Meta-Teorema 15. Princípio da Boa Ordem $\Longrightarrow$ AE.
Demonstração:

Seja X família não vazia de conjuntos não vazios. Pelo Princípio da Boa Ordem, cada $A \in X$ tem um menor elemento x_A. Então, a função que associa A a x_A é uma função escolha. ■

Para fechar as equivalências, falta apenas provar AE $\Longrightarrow$ Zorn.

Antes é preciso provar um teorema.

Teorema 3.3.3. ***Bourbaki - Witt***

Seja X conjunto não vazio, com ordem $<$, no qual toda cadeia tem supremo em X. Seja $f : X \longrightarrow X$ função tal que $(\forall x \in X)(x \leq f(x))$. Então $(\exists z \in X)(f(z) = z)$. Em outras palavras: neste ambiente, toda função crescente tem um ponto fixo.
Demonstração:

A linha mestra da demonstração é descrita da seguinte forma:

1. Tome um elemento qualquer $a \in X$ e considere a cadeia.
   $a \leq f(a) \leq f(f(a)) \leq ....$
2. Acrescente a esta cadeia seu supremo b e continue a cadeia:
   $... \leq b \leq f(b) \leq f(f(b)) \leq ....$
3. Continue repetindo a etapa 2.
4. Seja D o conjunto que tem exatamente esta cadeia e nada mais.
5. Como D é cadeia, por hipótese D tem supremo d. Este supremo é o desejado ponto fixo de f.

Agora a demonstração.

1. Seja $a \in X$, e seja S a família dos conjuntos $A \subseteq X$ tais que:
   (i) $a \in A$.
   (ii) se $x \in A$ então $f(x) \in A$.
   (iii) Se $B \subseteq A$ é cadeia não vazia com supremo b, então $b \in A$.
2. Das hipóteses do teorema, $X \in S$. Logo, $S \neq \varnothing$. Seja então $D = \bigcap S$. Prove que $D \in S$.
3. Seja $K = \{x \in X \ / \ a \leq x\}$. Prove que $K \in S$. Então, $(\forall x \in D)(a \leq x)$.
4. Defina $Y = \{y \in X \ / \ (a \leq y) \wedge (\forall x \in D)(x < y \longrightarrow f(x) \leq y)\}$.
5. Dado $y \in Y$ seja $A_y = \{x \in D \ / \ (x \leq y) \vee (f(y) \leq x)\}$. Prove que $(\forall y \in Y)(A_y \in S)$.
6. De (5) sai que $(\forall y \in Y)(A_y = D)$.
7. Prove que $Y \in S$.
8. De (7) sai que $D \subseteq Y$. Agora, $\forall x, y \in D \Longrightarrow x \in D$ e $y \in Y$, Logo, por (6), $x \in A_y$.
   Portanto, $(\forall x, y \in D)[(x \leq y) \vee (y \leq f(y) \leq x)]$. Logo, D é cadeia e, pela hipótese do teorema, D tem supremo d.
9. Como $D \in S$, de (iii) sai que: $d \in D$.
10. Por (ii) $f(d) \in D$ e, portanto, $f(d) \leq d$, pois d é supremo em D.
11. Por hipótese, $d \leq f(d)$. Logo, por (10), $f(d) = d$, e d é o procurado ponto fixo. ■.

Meta-Teorema 16. AE $\Longrightarrow$ Lema de Zorn.
Demonstração:

Seja $(X, <)$ conjunto não vazio e parcialmente ordenado, no qual toda cadeia tem supremo.

1. Se, por absurdo, X não tiver elemento maximal, então $(\forall x \in X)\ S(x) = \{y \in X \ / \ x < y\} \neq \varnothing$.
2. Logo, $Y = \{S(x) \ / \ x \in X\}$ é família não vazia, de conjuntos não vazios. Então, por AE, existe uma função escolha f em Y, ou seja: $(\forall x \in X)(f(S(x)) \in S(x))$.
3. Defina $g : X \longrightarrow X$ por $g(x) = f(S(x))$.
4. Então, $(\forall x \in X)(g(x) \in S(x))$. Logo, pela definição de $S(x)$, $(\forall x \in X)(x < g(x))$.
5. Portanto, g é uma função crescente em X. Mas g não tem ponto fixo porque é estritamente crescente. Contradição, pelo teorema 3.3.3.
6. Esta contradição mostra que a suposição de (1) é falsa. Logo X tem um elemento maximal, ou seja: vale Zorn. ■

3.4 Consistência e Independência

As seções 3.2 e 3.3 mostraram, sem sombra de dúvida, que o Axioma da Escolha é importante para a Teoria, e que ZF ficaria realmente muito pobre sem este axioma.

Entretanto, uma questão importante surge em seguida: em razão do aspecto pouco intuitivo do Axioma da Escolha, será que sua introdução na Teoria ZF a mantém **consistente**, isto é: **livre de paradoxos**?

Esta questão só foi respondida em 1938 com um trabalho [11] do austríaco Kurt Gödel, que provou que, se ZF é consistente, então ZF + AE também é consistente, ou seja: não se pode provar, em ZF, que o Axioma da Escolha é falso.

A prova de Gödel, de que ZF + AE é consistente, gerou outra pergunta igualmente embaraçosa: Será que o Axioma da Escolha é consistente porque é um teorema de ZF, ou seja: pode ser deduzido a partir dos demais axiomas, ou será que é consistente porque é **independente** de ZF, ou seja: não pertence à Teoria?

Esta segunda questão só foi respondida em 1963 pelo norte americano Paul Cohen, que criou uma técnica extremamente complexa, chamada "forcing", e com ela conseguiu provar [7] que, em ZF, não se pode provar que o Axioma da Escolha é verdadeiro. Este resultado, junto com o obtido por Gödel, provou que **AE é independente de ZF**. Isto significa que AE, **ou sua negação**, pode ser adicionado a ZF como outro axioma sem gerar paradoxos, a menos que ZF, sozinha, já gere paradoxos. Por outro lado, como já vimos, acrescentar o Axioma da Escolha a ZF só a torna mais rica e interessante.

Usa-se o símbolo ZFC para denotar a Teoria ZF acrescentada do Axioma da Escolha que, em inglês, é "Axiom of Choice"(por isso a letra C em ZFC). Nos próximos dois capítulos vamos trabalhar em ZFC, ou seja: estaremos sempre supondo que vale o Axioma da Escolha.

Capítulo 4

ORDINAIS

4.1 Por que começar com os ordinais?

Embora a noção de número cardinal tenha, historicamente, antecedido à de ordinal, vamos definir primeiro o que é um número ordinal para, com ele, chegar à definição de número cardinal.

A razão é simples.

A ideia de número cardinal vem da tentativa de generalizar a noção de número que é, por sinal, tão velha quanto a própria matemática. Generalizar significa estender o conceito de número natural que já temos. Os números naturais medem o **tamanho** dos conjuntos **finitos**, e o que se quer é definir os números cardinais de tal modo que eles meçam o tamanho de conjuntos quaisquer, finitos ou não.

Cantor, em seu revolucionário trabalho [3] de 1874, no qual desmistificou a noção de infinito, propôs a seguinte definição: "Dois conjuntos têm o mesmo número de elementos se forem equipotentes". Observe que esta definição vale para quaisquer dois conjuntos, finitos ou não.

Equipotência serve, portanto, para decidir se dois "números" são iguais, mas não resolve ainda o problema do que **seja** um número.

A partir desta ideia, Frege, em seu *Grundgesetze der Arithmetic* [10], definiu um **número cardinal** como sendo uma classe de equivalência sob a relação de equipotência. Ou seja: dois conjuntos equipotentes teriam o mesmo cardinal, como queria Cantor.

Infelizmente, porém, estas classes de equivalência são grandes demais para serem conjuntos. De fato, embora a classe de equivalência do conjunto vazio só tenha 1 conjunto, o próprio vazio, basta aumentar um pouquinho o tamanho dos conjuntos para que a coisa já saia do controle. Por exemplo, seja A a coleção dos conjuntos unitários $\{x\}$. Então, em particular, $\{A\} \in A$. Mas aí se tem $A \in \{A\} \in A$. Portanto, se A for um conjunto, este resultado contradiz o teorema 2.11.16 (pág. 49). Quer dizer: não é possível adotar, em ZF, a definição de Frege para número cardinal, o que nos traz de volta à estaca zero.

Para resolver este impasse, o caminho até chegar à definição de número cardinal terá os seguintes passos:

1. Define-se primeiro um número ordinal (seção 4.2) como um conjunto com duas propriedades, uma das quais é a de que a relação de pertinência ($\in$) é ordem total.

2. Define-se, nos ordinais, a ordem $\alpha \leq \beta$ se $\alpha \in \beta$ ou $\alpha = \beta$, e prova-se que qualquer conjunto não vazio de ordinais tem um menor elemento relativo a esta ordem (teorema 4.2.9) (pág. 84).

3. Dado um conjunto qualquer A bem ordenado, prova-se que existe um ordinal α que é equipotente a A (teorema 4.3.10) (pág. 93).

4. Dentre todos os ordinais equipotentes a A, e menores ou iguais a α (o α do item 3), o menor deles será o **cardinal de** A. (teorema 5.1.2) (pág. 118).

5. Finalmente prova-se que se A e B são conjuntos equipotentes, então seus cardinais são iguais (teorema 5.1.3) (pág. 119).

6. O trabalho, portanto, está completo, já que era esta a intenção original de Cantor e Frege.

4.2 A definição de número ordinal

Definição: Um conjunto x é **transitivo** se

$$(\forall y)(\forall z)(z \in y \in x \longrightarrow z \in x)$$

Observe que esta transitividade é no sentido "para dentro", ou seja: x é transitivo se os elementos de seus elementos também são elementos de x.

Teorema 4.2.1. *As seguintes afirmações são equivalentes:*
1. x é transitivo.
2. $(\forall y)(y \in x \longrightarrow y \subsetneq x)$.
3. $\bigcup x \subseteq x$.

Definição: O conjunto x é **conexo** se $\in$ é relação total em x, isto é:

$$(\forall y \in x)(\forall z \in x)[(y \in z) \vee (z \in y) \vee (y = z)]$$

Definição: Um **ordinal** é um conjunto **transitivo e conexo**.

Notação: Usaremos letras gregas minúsculas para denotar os ordinais e denotaremos a **coleção** dos ordinais por **Or**, ou seja:

$\alpha \in$ **Or** será abreviatura de "α é um ordinal".

Or foi chamado de **coleção**, porque é grande demais para ser um conjunto. De fato, se **Or** fosse um conjunto, ele seria um ordinal pois é transitivo e conexo. Mas então **Or** $\in$ **Or**, ou seja: **Or** seria o maior de todos os ordinais, e o teorema 4.2.4, abaixo, mostra que isto é uma contradição. Este argumento é o chamado **paradoxo de Burali-Forti**, o italiano que o publicou em 1897 [1]. Há evidências, entretanto, que Cantor já tivesse conhecimento dele, tendo inclusive comunicado o fato a Hilbert em 1896.

Agora o primeiro exemplo de ordinal:

Teorema 4.2.2. *O conjunto dos naturais* $\mathbb{N}$ *é um ordinal.*
Demonstração:

Sejam $x, y, z \in \mathbb{N}$ tais que $x \in y \in z$. Então $x \subsetneq y \subsetneq z \Longrightarrow x \subsetneq z \Longrightarrow x \in z$. Logo, $\mathbb{N}$ é transitivo. Além disto é conexo pela tricotomia dos naturais. ■

Notação: O símbolo $\mathbb{N}$ foi até agora usado para denotar o conjunto dos naturais. Mas, como acabamos de descobrir que $\mathbb{N}$ é um ordinal, ele passou a merecer uma letra grega para denotá-lo. Assim, foi escolhida a letra grega ômega (símbolo ω), a última do alfabeto grego, para simbolizar a infinitude do conjunto dos naturais.

Em função deste argumento, daqui por diante, usaremos ω para denotar o conjunto dos naturais.

Teorema 4.2.3. *Os elementos de ordinais são ordinais.*
Demonstração:

1. Seja α um ordinal e seja $x \in \alpha$. Temos de provar que x é ordinal.
2. x é transitivo: Suponha $y \in z \in x$ e vamos mostrar que $y \in x$.
   2.1. De $z \in x \in \alpha$ tem-se $z \in \alpha$, pois α é transitivo.
   2.2. De $y \in z \in \alpha$ tem-se $y \in \alpha$, pois α é transitivo.
   2.3. Como α é conexo, tem-se $x \in y$ ou $y \in x$ ou $x = y$.
      2.3.1. $(x = y) \Longrightarrow (y \in z \in y)$, absurdo, pelo teorema 2.11.16.
      2.3.2. $(x \in y) \Longrightarrow (x \in y \in z \in x)$, novamente absurdo.
      2.3.3. Sobrou a opção $y \in x$.
3. x é conexo: Sejam $y \in x$ e $z \in x$.
   3.1. Como α é transitivo, tem-se $y \in \alpha$ e $z \in \alpha$.
   3.2. Como α é conexo, tem-se $y \in z$ ou $z \in y$ ou $y = z$. ■

Já temos em **Or**, ω e todos os naturais. O próximo teorema aumenta um pouquinho esta coleção.

Teorema 4.2.4. *Se $\alpha \in$ **Or** então $\alpha' = \alpha \cup \{\alpha\} \in$ **Or**.*
Demonstração:

1. $\alpha \cup \{\alpha\}$ é transitivo: sejam $x \in y \in \alpha \cup \{\alpha\}$.
   Se $y \in \alpha$ então $x \in \alpha$, pois α é transitivo. E se $y = \alpha$ então $x \in \alpha$.
   Em qualquer caso $x \in \alpha$. Logo $\alpha \cup \{\alpha\}$ é transitivo.
2. $\alpha \cup \{\alpha\}$ é conexo: Sejam $x, y \in \alpha \cup \{\alpha\}$.
   2.1. Se $x, y \in \alpha$ então $(x \in y) \vee (y \in x) \vee (x = y)$, pois α é conexo.
   2.2. Se $x \in \alpha$ e $y \in \{\alpha\}$, então $x \in y$.
   2.3. Se $y \in \alpha$ e $x \in \{\alpha\}$, então $y \in x$.
   2.4. Se $x, y \in \{\alpha\}$, então $x = y$. ■

A consequência imediata é que $\omega' = \omega \cup \{\omega\} \in$ **Or**, assim como ω'', ω''' etc. E todos estes ordinais são diferentes, pois, se por absurdo, $\alpha = \alpha' = \alpha \cup \{\alpha\}$, então $\alpha \in \alpha$ o que contradiz o teorema 2.7.4.

Tendo estabelecido o fato de que os números naturais são ordinais, é razoável generalizar para os ordinais as propriedades dos naturais.

Este é o objetivo que guiará nossos próximos passos.

Teorema 4.2.5. *Se* $\alpha \in \boldsymbol{Or}$ *e* $y \subseteq \alpha$ *e* y *é transitivo, então* $y \in \alpha$ *ou* $y = \alpha$.

Demonstração:

Vamos provar que se $y \neq \alpha$ então $y \in \alpha$.

1. Se $y \neq \alpha$, então, pela hipótese, $y \subsetneq \alpha$ e, consequentemente, $z = \{t \in \alpha \ / \ t \notin y\} \neq \varnothing$.
2. Logo, por Regularidade (ZF10), $(\exists x \in z)(x \cap z = \varnothing)$.
   Então, $x \in \alpha$, pois $z \subseteq \alpha$.
3. Afirmativa: $x \subseteq y$.
   Dado $k \in x$, então $k \in \alpha$, pois α é transitivo.
   Mas $k \notin z$, pois $x \cap z = \varnothing$. Logo, $k \in y$.
4. Afirmativa: $y \subseteq x$.
   Dado $k \in y$ tem-se $k \in \alpha$. Como $x \in \alpha$ e α é conexo, tem-se $k \in x$ ou $x \in k$ ou $k = x$.
   4.1. Se $x \in k$, então $x \in y$, pois y é transitivo.
   Contradição, pois $x \in z$.
   4.2. Se $x = k$, então $x \in y$. Contradição, novamente.
   4.3. Sobrou $k \in x$.
5. (3) e (4) provam que $x = y$.
6. Por (2), $x \in \alpha$ e, por (5), $x = y$. Logo, $y \in \alpha$. ■

Teorema 4.2.6. ***Lei da Tricotomia dos Ordinais***
Se α e β são ordinais, então $\alpha \in \beta$ ou $\beta \in \alpha$ ou $\alpha = \beta$.
Além disto, estas três condições são disjuntas, no sentido de que não acontecem duas delas simultaneamente.
Demonstração:

1. É fácil provar que $\alpha \cap \beta$ também é ordinal.
2. Então, pelo teorema 4.2.5, $(\alpha \cap \beta) \in \alpha$ ou $(\alpha \cap \beta) = \alpha$.
   Analogamente, $(\alpha \cap \beta) \in \beta$ ou $(\alpha \cap \beta) = \beta$.
3. Se $(\alpha \cap \beta) = \alpha$ então $\alpha \subseteq \beta$ e, portanto, $\alpha \in \beta$ ou $\alpha = \beta$, novamente pelo teorema 4.2.5.
4. Analogamente, de $(\alpha \cap \beta) = \beta$ sai que $\beta \in \alpha$ ou $\beta = \alpha$.
5. Se nem (3) nem (4) acontecer, então, $(\alpha \cap \beta) \in \alpha$ e $(\alpha \cap \beta) \in \beta$.
   Mas então, $(\alpha \cap \beta) \in (\alpha \cap \beta)$ contradizendo o teorema 2.7.4.
6. Consequentemente, ou acontece o caso (3) ou o (4).
   Portanto, $\alpha \in \beta$ ou $\beta \in \alpha$ ou $\alpha = \beta$.
7. Finalmente, a ocorrência simultânea de quaisquer dois destes três fatos, contradiz o teorema 2.7.4 (pág. 30) ou o teorema 2.11.16 (pág. 49). ■

A próxima definição estende a ordem dos naturais a todos os ordinais.

Definição: Se α e β são ordinais, então:
1. $\alpha < \beta$ se $\alpha \in \beta$.
2. $\alpha \leq \beta$ se $\alpha \in \beta$ ou $\alpha = \beta$.

Usando a Tricotomia dos Ordinais é fácil provar os dois próximos teoremas.

Teorema 4.2.7. *Se X é um **conjunto** de ordinais, então $\bigcup X$ é um ordinal.*

Teorema 4.2.8. *Se α e β são ordinais, então $\alpha \leq \beta \iff \alpha \subseteq \beta$.*

Teorema 4.2.9. *$\leq$ é boa ordem em **Or**, no seguinte sentido:*
1. $\leq$ é reflexiva, antissimétrica e transitiva.
2. $\leq$ é total.
*3. Se X é um **conjunto** não vazio de ordinais, então X tem um menor elemento relativo a $\leq$.*
***Demonstração**:*

Para provar (3), use Regularidade para achar $\alpha \in X$ tal que $\alpha \cap X = \varnothing$, e prove que α é o menor elemento de X relativo a $\leq$. ■

Nota: A expressão "no seguinte sentido", colocada no enunciado do teorema acima, é necessária porque, a rigor, $\leq$ não pode ser relação em **Or**, já que **Or** não é conjunto.

O teorema 4.2.9 mostra que concluímos o passo 2 do objetivo de definir número cardinal (pág. 78).

Uma consequência imediata desta boa ordem dos ordinais é:

Teorema 4.2.10. *Seja $\varphi(x)$ uma fórmula tal que $\varphi(\alpha)$ é teorema para algum ordinal α. Então existe o menor ordinal β para o qual $\varphi(\beta)$ é teorema.*

Agora um teorema que dá algumas propriedades muito úteis dos ordinais, todas de fácil demonstração.

Teorema 4.2.11. *Se α, β e γ são ordinais, então:*
1. $\alpha < \alpha'$. (Lembre que $\alpha' = \alpha \cup \{\alpha\}$)
2. $\alpha < \beta \leq \gamma \longrightarrow \alpha < \gamma$.
3. $\alpha \leq \beta < \gamma \longrightarrow \alpha < \gamma$.
4. $\alpha < \beta \longrightarrow \alpha' \leq \beta$.
5. $\alpha' = \beta' \longrightarrow \alpha = \beta$.
6. $\alpha < \beta' \longrightarrow \alpha \leq \beta$.
7. $\alpha < \beta \longrightarrow \alpha' < \beta'$.
8. Se $\alpha \leq \beta \leq \alpha'$ então $\beta = \alpha$ ou $\beta = \alpha'$.

A propriedade 8 do teorema 4.2.11 diz que não existe nenhum ordinal estritamente entre α e α'. Isto significa que, α' é o próximo ordinal maior que α, o que corrobora o nome de sucessor, para a definição dada no início da seção 2.9, para o conjunto α'.

Enquanto um número natural, ou é zero ou é sucessor, entre os ordinais não existem só estas duas formas. Por exemplo, ω não é sucessor, pois teria que ser o sucessor de um natural, já que $(\alpha' = \omega) \Longrightarrow (\alpha \in \omega)$. Mas, o sucessor de um natural é outro natural, ou seja: $\alpha' \in \omega$ e, portanto, $\alpha' \neq \omega$. Conclusão: ω não é sucessor.

Que nome deveríamos dar a este outro tipo de ordinal? Observe que, se α não é sucessor, e se $\beta \in \alpha$, então $\beta < \beta' < \beta'' < ... < \alpha$. Podemos então dizer que α é o "limite" de $\beta \in \alpha$ quando β cresce. Esta observação justifica a próxima definição:

Definição: α é chamado de **ordinal limite** se não é nem zero nem sucessor.

O ordinal zero ficou de fora desta definição, embora não seja sucessor, por razões didáticas. Mais ou menos o que acontece com o 1, em álgebra, que não é considerado um número primo.

Teorema 4.2.12. *Se α é ordinal, então α não é sucessor, se e somente se, $\bigcup \alpha = \alpha$.*
Demonstração:

($\Longrightarrow$) 1. Como α é transitivo, $\bigcup \alpha \subseteq \alpha$.
2. Agora, $(\beta \in \alpha) \Longrightarrow (\beta' \leq \alpha) \Longrightarrow (\beta' < \alpha)$ pois α não é sucessor. Logo, $(\beta' \in \alpha) \Longrightarrow (\beta \in \beta' \in \alpha) \Longrightarrow (\beta \in \bigcup \alpha)$. Portanto $\alpha \subseteq \bigcup \alpha$.
3. (1) e (2) provam que $\bigcup \alpha = \alpha$.

$(\Longleftarrow)$ 1. Se, por absurdo, $\alpha = \beta'$, então $\beta \in \alpha$.
2. Mas $(\beta \in \alpha) \Longrightarrow (\beta \in \bigcup \alpha) \Longrightarrow (\beta \in \gamma \in \alpha) \Longrightarrow$
$\Longrightarrow (\beta < \gamma < \alpha) \Longrightarrow (\beta' \leq \gamma < \alpha) \Longrightarrow (\beta' < \alpha) \Longrightarrow (\beta' \neq \alpha)$.
Contradição. Logo, α não é sucessor. ■

Pode-se pensar que os ordinais limites são raros, pois o único ordinal limite que temos até agora é ω. Entretanto, teremos muitos outros na seção que apresenta as operações com ordinais.

A seguir dois teoremas úteis:

Teorema 4.2.13. *Se X é um conjunto de ordinais, se α é ordinal, e*
1. Se $(\forall \beta \in X)(\alpha < \beta)$, então $\alpha < \bigcup X$.
2. Se $(\forall \beta \in X)(\beta < \alpha)$, então $\bigcup X \leq \alpha$.
Demonstração:

Antes de começar, é bom lembrar que, pelo teorema 4.2.7, $\bigcup X$ é um ordinal.
1. $\alpha < \beta \in X \Longrightarrow \alpha \in \beta \in X \Longrightarrow \alpha \in \bigcup X \Longrightarrow \alpha < \bigcup X$.
2. $\gamma \in \bigcup X \Longrightarrow (\exists \beta \in X)(\gamma \in \beta) \Longrightarrow \gamma \in \alpha$. Logo $\bigcup X \subseteq \alpha$, ou seja: $\bigcup X \leq \alpha$. ■

Teorema 4.2.14. *Seja X conjunto de ordinais, e $Y \subseteq X$ tal que $(\forall x \in X)(\exists y \in Y)(x \leq y)$, então $\bigcup X = \bigcup Y$.*
Demonstração:

1. $Y \subseteq X \Longrightarrow \bigcup Y \subseteq \bigcup X$.
2. $z \in \bigcup X \Longrightarrow z \in x \in X \Longrightarrow$ Por hipótese, $(\exists y \in Y)(x \leq y) \Longrightarrow$
$\Longrightarrow z \in y \in Y$ (pois $y \in \mathbf{Or}$) $\Longrightarrow z \in \bigcup Y$.
3. Juntando (1) e (2) tem-se a tese. ■

4.3 Os Princípios de Indução Transfinita

Esta seção será dedicada ao passo 3 para a definição de cardinal (pág. 78). Vai terminar com o resultado que acha um ordinal equipotente a um dado conjunto bem ordenado A. As ferramentas necessárias para se chegar lá são inspiradas nos princípios de indução dos naturais, aqui generalizados para todos os ordinais.

Teorema 4.3.1. *(**Princípio de Indução Transfinita 1 (IT1)**).*

Seja $\varphi(x)$ uma fórmula tal que:

1. $\varphi(0)$.

2. $(\forall\alpha \in \boldsymbol{Or})[\varphi(\alpha) \longrightarrow \varphi(\alpha')]$.

3. Se $[\lambda$ é ordinal limite e $(\forall\alpha < \lambda)\varphi(\alpha)]$, então $\varphi(\lambda)$.

Então, vale $\varphi(\alpha)$ para qualquer ordinal α.

Demonstração:

1. Suponha, por absurdo, que exista $\alpha \in \mathbf{Or}$ tal que $\neg\varphi(\alpha)$.
2. Então, pelo teorema 4.2.10, há o menor ordinal β tal que $\neg\varphi(\beta)$.
3. As hipóteses do teorema provam que β não é zero, nem sucessor e nem limite. Contradição. ∎

Muitas vezes dispomos de hipóteses mais fracas do que as do teorema anterior. Neste caso a tese é também mais fraca, embora ainda muito útil. A demonstração do próximo teorema é análoga à do teorema anterior.

Teorema 4.3.2. *(**Princípio de Indução Transfinita 2 (IT2)**).*

Sejam $\varphi(x)$ uma fórmula e $\alpha \neq 0$ um ordinal tais que:

1. $\varphi(0)$.

2. $(\forall\beta \in \alpha)$ se $[\beta = \gamma'$ e $\varphi(\gamma)]$, então $\varphi(\beta)$.

3. $(\forall\beta \in \alpha)$ se $[\beta$ é ordinal limite e $(\forall\gamma < \beta)\varphi(\gamma)]$, então $\varphi(\beta)$.

Então, vale $\varphi(\beta)$ para todo ordinal $\beta \in \alpha$.

Teorema 4.3.3. *(**Definição por Recursão Transfinita 1 (RT1)**).*

Se $G(x,y)$ é uma condição funcional, $\alpha \neq 0$ é um ordinal e X um conjunto, então existe uma função F, com domínio α, tal que:

i. $F(0) = X$.
ii. $(\forall \beta \in \alpha)$ *se* $\beta = \gamma'$ *então* $G(F(\gamma), F(\gamma'))$.
iii. $(\forall \beta \in \alpha)$ *se* β *é ordinal limite então* $F(\beta) = \bigcup\{F(\gamma) \ / \ \gamma < \beta\}$.
***Demonstração**:*

A demonstração é semelhante a feita para os números naturais no teorema 2.11.18 (pág. 50) de Definição por Recursão, apenas com pequenas modificações, já que aqui temos a novidade dos ordinais limite.

Para cada ordinal $\beta \in \alpha$ define-se a fórmula $\varphi(\beta, f)$ como:

$$\begin{gathered}(f \text{ é função sobre, com domínio } \beta')\wedge \\ \wedge(f(0) = X) \wedge [(\forall \gamma \in \beta)(G(f(\gamma), f(\gamma')))]\wedge \\ \wedge[(\forall \delta \in \beta')(\delta \text{ ordinal limite} \longrightarrow f(\delta) = \bigcup\{f(\gamma) \ / \ \gamma < \delta\}]\end{gathered}$$

1. Prove que $\varphi(\beta, f)$ é condição funcional em α.
2. Por ZF09, a coleção $A = \{f \ / \ (\exists \beta \in \alpha) \ \varphi(\beta, f)\}$ é um conjunto.
3. Se $\psi(f, m)$ é $(m = \text{Im } f)$, então ψ é condição funcional em A.
4. Por ZF09, $B = \{m \ / \ (\exists f \in A)(\psi(f, m))\} =$
   $= \{m \ / \ (\exists f \in A)(m = \text{Im } f)\}$ é um conjunto.
5. Seja $F = \bigcup A$. Prove que $F \subseteq \alpha \times \bigcup B$.
6. Prove que F é função.
7. $\forall f \in A$ e $\forall x \in \text{Dom } f$, $f(x) = F(x)$, pois $x \in \text{Dom } f \Longrightarrow$
   $\Longrightarrow < x, f(x) > \in f \in A \Longrightarrow < x, f(x) > \in F \Longrightarrow f(x) = F(x)$.
8. Afirmativa: $\alpha \subseteq \text{Dom } F$. A prova é por Indução Transfinita 2, com a fórmula $(x \in \text{Dom } F)$.
   8.1. $\{< 0, X >\} \in A$ por vacuidade. Portanto $< 0, X > \in F$, ou seja: $0 \in \text{Dom } F$.

8.2. Seja $\gamma \in \text{Dom } F$, e vamos provar que $\gamma' \in \text{Dom } F$.

8.2.1. $\gamma \in \text{Dom } F \Longrightarrow \exists f \in A$ tal que $\gamma \in \beta' = \text{Dom } f$.

8.2.2. Seja g $= \{< x, y > \in \beta'' \times \bigcup B \; / $
$(x \in \beta' \longrightarrow y = f(x)) \wedge (x = \beta' \longrightarrow G(f(\beta), y))\}$.

8.2.3. Prove que g é função.

8.2.4. Seja $h : \beta'' \longrightarrow \text{Im } g$, definida por $h(x) = g(x)$.
Prove que $h \in A$.

8.2.5. Em (8.2.1) viu-se que $\gamma \in \beta'$. Logo, $\gamma' \in \beta'' = \text{Dom } h$.
$(\gamma' \in \text{Dom } h) \Longrightarrow (< \gamma', h(\gamma') > \in h \in A) \Longrightarrow$
$\Longrightarrow (< \gamma', h(\gamma') > \in F) \Longrightarrow \gamma' \in \text{Dom } F$.

8.3. Seja β ordinal limite, tal que $(\forall \gamma \in \beta)(\gamma \in \text{Dom } F)$.
Vamos provar que $\beta \in \text{Dom } F$.

8.3.1. Dado $(\gamma \in \beta)$ tem-se $(\gamma \in \text{Dom } F)$.
Logo, $(\exists f_\gamma \in A)$ tal que $(\gamma \in \text{Dom } f_\gamma)$.

8.3.2. Seja g função de domínio β' definida por

$$g(\gamma) = \left\{ \begin{array}{ll} f_\gamma(\gamma) & \text{se} \quad \gamma \in \beta \\ \bigcup\{f_\delta(\delta) \; / \; \delta \in \beta\} & \text{se} \quad \gamma = \beta \end{array} \right\}$$

8.3.3. Seja $h : \beta' \longrightarrow \text{Im } g$, definida por $h(x) = g(x)$.
Prove que $h \in A$.

8.3.4. $\beta \in \beta' = \text{Dom } h \Longrightarrow < \beta, h(\beta) > \in h \in A \Longrightarrow$
$\Longrightarrow < \beta, h(\beta >) \in F \Longrightarrow \beta \in \text{Dom } F$.

8.4. (8.1), (8.2) e (8.3) provam que $\alpha \subseteq \text{Dom } F$.

9. De (5) e (8) deduz-se que $\text{Dom } F = \alpha$.

10. Em (8.1) viu-se que $F(0) = X$. Portanto, vale (i).

11. Dado $\beta \in \alpha = \text{Dom } F \Longrightarrow (\exists f \in A)(\beta \in \text{Dom } f)$.

11.1. Por (7), $F(\beta) = f(\beta)$ e também $(\forall \gamma < \beta)(F(\gamma) = f(\gamma))$.
Agora, como $f \in A$, tem-se:

11.2. Se $\beta = \gamma'$, então vale $G(f(\gamma), f(\gamma'))$. Logo, vale $G(F(\gamma), F(\gamma'))$, ou seja: vale (ii).

11.3. Se β é limite, então $F(\beta) = f(\beta) = \bigcup\{f(\gamma) \; / \; \gamma < \beta\} =$
$= \bigcup\{F(\gamma) \; / \; \gamma < \beta\}$. Logo, vale (iii). ■

Os próximos teoremas generalizam os provados acima, colocando nas hipóteses, no lugar de **Or**, um conjunto qualquer bem ordenado. Começamos definindo a **função sucessor S(x)**:

Definição: Seja $(W, \prec)$ um conjunto bem ordenado com pelo menos 2 elementos. Seja $V_W = \{x \in W \ / \ (\exists y \in W)(x \prec y)\}$.
A função sucessor $S : V_W \longrightarrow W$ é definida por:
$S(x) =$ o menor $y \in W$ tal que $x \prec y$.

O próximo teorema mostra que a função sucessor generaliza o teorema 4.2.11 (pág. 84).

Teorema 4.3.4. *Seja $(W, \prec)$ um conjunto bem ordenado com pelo menos 2 elementos. Então, para $x, y, z \in W$:*

1. $x \in V_W \Longrightarrow x \prec S(x)$.
2. $x \prec y \preceq z \longrightarrow x \prec z$.
3. $x \preceq y \prec z \longrightarrow x \prec z$.
4. $(x \in V_W \text{ e } x \prec y) \Longrightarrow S(x) \preceq y$.
5. $(x, y \in V_W \text{ e } S(x) = S(y)) \Longrightarrow x = y$.
6. $(y \in V_W \text{ e } x \prec S(y)) \Longrightarrow x \preceq y$.
7. $(x, y \in V_W \text{ e } x \prec y) \Longrightarrow S(x) \prec S(y)$.
8. $(x \in V_W \text{ e } x \preceq y \preceq S(x)) \Longrightarrow (y = x) \text{ ou } (y = S(x))$.
9. *Se W é um conjunto de ordinais e $\prec$ é $\in$, então $S(x) = x'$.*

Observe que a propriedade 8 diz que não há nenhum elemento estritamente entre x e $S(x)$. Isto justifica o nome de "sucessor" para $S(x)$.

O próximo teorema generaliza o teorema 4.2.10 (pág. 84), e é igualmente de demonstração imediata.

Teorema 4.3.5. *Seja* $(W, \prec)$ *um conjunto bem ordenado, e* $\varphi(x)$ *uma fórmula tal que vale* $\varphi(x)$ *para algum* $x \in W$. *Então, existe o menor* $y \in W$ *(em relação à ordem* $\prec$*) tal que* $\varphi(y)$.

Teorema 4.3.6. ***(Princípio de Indução Transfinita 3 (IT3))*** *Sejam* $(W, \prec)$ *um conjunto bem ordenado com primeiro elemento* x_0, *e* $\varphi(x)$ *uma fórmula, tal que, para* $x, y \in W$:

i. $\varphi(x_0)$.
ii. Se $x = S(y)$ *e* $\varphi(y)$ *então* $\varphi(x)$.
iii. Se $x \in W$ *não é* x_0 *e nem sucessor e se* $(\forall y \prec x)\varphi(y)$ *então* $\varphi(x)$.

Então $(\forall x \in W)\ \varphi(x)$.

O próximo teorema é a generalização do teorema 4.3.3, RT1, e sua demonstração é quase uma cópia da demonstração daquele teorema, apenas usando Indução Transfinita 3, IT3, no lugar de IT2.

Teorema 4.3.7. ***(Definição por Recursão Transfinita 2 (RT2))*** *Sejam* $(W, \prec)$ *um conjunto bem ordenado com primeiro elemento* x_0, X *um conjunto e* $G(x, y)$ *uma condição funcional. Então existe uma função* F, *com domínio* W, *tal que:*

i. $F(x_0) = X$.
ii. Se $x, y \in W$ *e* $x = S(y)$ *então* $G(F(y), F(S(y)))$.
iii. Se $x \in W$ *não é* x_0 *e nem sucessor, então*
$F(x) = \bigcup\{F(y) \ / \ y \prec x\}$.

— * — * — * —

Definição: Dois conjuntos, parcialmente ordenados, são **similares** se existir uma bijeção de um no outro que preserve a ordem. Similaridade é, portanto, um **isomorfismo de ordem**.

Teorema 4.3.8. *Sejam $(X, \prec)$ conjunto bem ordenado e $f : X \longrightarrow X$ função 1 a 1 que preserva a ordem, isto é: $(x \preceq y) \Longrightarrow (f(x) \preceq f(y))$. Então: $(\forall x \in X)(x \preceq f(x))$.*

Demonstração:

1. Suponha, por absurdo, que exista $y \in X$ tal que $f(y) \prec y$.
2. Como X é bem ordenado, existe o menor destes y's, ou seja:
   2.1. Existe $z \in X$ tal que $f(z) \prec z$ e
   2.2. Se $x \prec z$ então $x \preceq f(x)$.
3. Como f é 1 a 1 e preserva a ordem, de (2.1) sai que $f(f(z)) \prec f(z)$.
4. Por outro lado, para $x = f(z)$ em (2.2), obtém-se $f(z) \preceq f(f(z))$.
   Contradição, e a suposição de (1) é mesmo falsa. ■

Uma útil consequência deste teorema é:

Teorema 4.3.9. *Dois ordinais são similares, se e somente se, são iguais.*

Demonstração:

$(\Longrightarrow)$

Sejam α e β ordinais similares. Então das três uma: ou $(\alpha \in \beta)$, ou $(\beta \in \alpha)$ ou $(\alpha = \beta)$.

1. Se $(\alpha \in \beta)$, seja $f : \beta \longrightarrow \alpha$ a similaridade da hipótese.
   Então $f(\alpha) \in \alpha$, ou seja: $f(\alpha) < \alpha$.
   Mas, pelo teorema 4.3.8, $\alpha \leq f(\alpha)$. Contradição.
2. Se $(\beta \in \alpha)$, raciocínio análogo também leva a uma contradição.
3. Sobrou a opção $\alpha = \beta$.

$(\Longleftarrow)$

A função identidade, de α em α, é uma similaridade. ■

Chegamos, finalmente, ao teorema alvo do passo 3 do objetivo de definir número cardinal (pág. 78). Dado um conjunto $W \neq \varnothing$ com uma boa ordem, o teorema acha um **único** ordinal similar a W.

É importante, aqui, chamar a atenção para um detalhe: a unicidade do ordinal encontrado é **relativa** à ordem de W, no sentido que, se for colocada **outra ordem** em W, o ordinal similar pode ser diferente do ordinal encontrado anteriormente. Um exemplo desta situação é o seguinte: Seja W o conjunto dos naturais, com a ordem usual, mas com a única diferença de que o número 5 é definido como sendo maior que todos os outros números naturais, ou seja: o sucessor de 4 agora é o 6, e o resto fica como está. Neste caso, a nova ordem continua sendo uma boa ordem, mas o ordinal similar a W não será ω, e sim ω'. Observe que ω não tem um maior elemento, enquanto que W tem (o número 5) e, portanto, eles não são similares. Por outro lado, ω' tem exatamente ω como seu maior elemento, pois os elementos de $\omega' = \omega \cup \{\omega\}$ são os naturais e mais o próprio ω que é maior que todos os naturais, uma vez que a ordem aqui é a pertinência $\in$.

Teorema 4.3.10. *Seja W um conjunto não vazio e com uma boa ordem $\prec$. Então **existe um único** ordinal similar a $(W, \prec)$.*
Demonstração:

Como W é não vazio, e bem ordenado, existe $x_0 \in W$, o menor elemento de W. Seja $G(x, y)$ a fórmula $y = x \cup \{x\}$. Como $G(x, y)$ é condição funcional, por RT2 existe função F, com domínio W tal que:
i. $F(x_0) = 0$.
ii. Se $x, y \in W$ e $x = S(y)$ então $G(F(y), F(x))$, ou seja:
$F(x) = F(y) \cup \{F(y)\}$.
iii. Se $x \in W$ é um não sucessor diferente de x_0 então
$F(x) = \bigcup\{F(y) \;/\; y \prec x\}$.

O ordinal da tese do teorema será a imagem de F, e F será a bijeção que preserva a ordem (a similaridade).

1. $(\forall x \in W)F(x)$ é ordinal:
   Prove por IT3, com $\varphi(x)$ sendo a fórmula ($F(x)$ é ordinal).

2. $(\forall x, y \in W)(y \prec x \longrightarrow F(y) \in F(x))$:
   Prove por IT3, com $\varphi(x)$ sendo a fórmula
   $(\forall y \in W)(y \prec x \longrightarrow F(y) \in F(x))$.
   Note que $\varphi(x_0)$ vale vaziamente.
   Conclusão: F é 1 a 1 e preserva a ordem.
3. A imagem de F é um ordinal, ou seja: é transitivo e conexo:
   3.1. Prove que é transitivo por IT1, com $\varphi(x)$ sendo a fórmula
   $(z \in F(x) \in \text{Im } F \longrightarrow z \in \text{Im } F)$.
   3.2. É conexo pois, por (1), os elementos da imagem são ordinais.
4. Finalmente, a unicidade é consequência do teorema 4.3.9. ■

O teorema 4.3.10 é a ferramenta que faltava para a demonstração das equivalências das quatro opções de Axioma de Infinitude. Antes, porém, um teorema que vai facilitar o trabalho. Observe que o Axioma da Escolha é usado na demonstração.

Teorema 4.3.11. *Se A é infinito, então A tem um subconjunto enumerável.*
Demonstração:

1. Pelo Princípio da Boa Ordem, A tem uma boa ordem.
2. Seja α o ordinal similar a A que existe pelo teorema 4.3.10.
3. α é infinito pelo teorema 2.11.7 (pág. 46). Portanto $\omega \subseteq \alpha$.
4. A imagem de ω pela bijeção de α em A é o procurado subconjunto enumerável de A. ■

A consequência imediata deste teorema é a recíproca do teorema 2.12.3 (pág. 54), que diz que todo conjunto reflexivo é infinito.

Teorema 4.3.12. *Se A é infinito, então A é reflexivo.*
Demonstração:

Seja $B \subseteq A$, enumerável, que existe pelo teorema 4.3.11. Então, pelos teoremas 2.12.4 e 2.12.1, B é reflexivo. Portanto, A também é reflexivo pelo teorema 2.12.5 (pág. 54). ■

Teorema 4.3.13. *Se A é infinito, então $A \equiv A \cup \{A\}$.*
Demonstração:

1. Seja $B \subseteq A$, enumerável, que existe pelo teorema 4.3.11.
2. Se $B = A$, então A é enumerável e é fácil provar que $A \cup \{A\}$ também é. Logo, $A \equiv A \cup \{A\}$.
3. Então vamos supor $B \neq A$, e seja $f : B \longrightarrow \mathbb{N}$ bijeção.
4. Seja $s : \mathbb{N} \longrightarrow \mathbb{N} - \{0\}$ definida por $s(n) = n'$. É imediato que s é bijeção.
5. Seja $b \in B$ tal que $f(b) = 0$ e seja $f^{-1} : \mathbb{N} - \{0\} \longrightarrow B - \{b\}$ a bijeção inversa de f.
6. Então, $g : B \longrightarrow B - \{b\}$ definida por $g(x) = f^{-1}(s(f(x)))$ é bijeção.
7. Finalmente, seja $h : A \cup \{A\} :\longrightarrow A$ definida por

$$h(x) = \left\{ \begin{array}{lll} x & \text{se} & x \in A - B \\ g(x) & \text{se} & x \in B \\ b & \text{se} & x = A \end{array} \right\}$$

8. Prove que h está bem definida e que é bijeção. ■

Agora a demonstração do meta-teorema 6, demonstração esta, que ficamos devendo na seção 2.14.

Meta-Teorema 6. Infinitude 4 $\Longrightarrow$ Infinitude 2.
Demonstração:

1. Por Infinitude 4, existe conjunto T-infinito A e, pelo AE, A tem uma boa ordem.
2. Pelo teorema 4.3.10 existe ordinal α similar a A. Então α é T-infinito pelo teorema 2.13.2 (pág. 56).
3. Seja $B = \{\beta \in \alpha \ / \ \beta \text{ é T-finito}\}$, e vamos provar que vale $p2(B)$.
   3.1. $\varnothing$ é T-finito pelo teorema 2.13.1 (pág. 56). Logo, $\varnothing \in B$.

3.2. Seja $\beta \in B$. Então $\beta \cup \{\beta\}$ é T-finito pelo teorema 2.13.3 (pág. 56).
3.3. Também, se $\beta \in B$, então $\beta \in \alpha$ e, portanto, pelo teorema 4.2.11 (pág. 84), $\beta \cup \{\beta\} \subseteq \alpha$.
3.4. Como α é T-infinito, conclui-se que $\beta \cup \{\beta\} \neq \alpha$, ou seja: usando (3.3), $\beta \cup \{\beta\} \in \alpha$.
3.5. Como $\beta \cup \{\beta\} \in \alpha$ e $\beta \cup \{\beta\}$ é T-finito, tem-se que $(\beta \cup \{\beta\}) \in B$.
4. Portanto vale $p2(B)$, ou seja: vale Infinitude 2. ■

Para fechar a seção, vamos apresentar mais uma fórmula equivalente ao Axioma da Escolha. O matemático suiço Paul Bernays a apresentou [2] com o nome de "Numeration Theorem". Por isto vamos manter o termo "Teorema", embora não esteja, necessariamente, dentro da Teoria ZF.

Teorema da Numeração. Se $X \neq \varnothing$ é conjunto, então existe ordinal α equipotente a X.

Meta-Teorema 17. Princípio da Boa Ordem $\Longleftrightarrow$ Teorema da Numeração.
Demonstração:

$(\Longrightarrow)$

1. Seja $X \neq \varnothing$ um conjunto. Pelo Princípio da Boa Ordem X tem uma boa ordem.

2. Pelo teorema 4.3.10 (pág. 93) X é equipotente a um ordinal.

$(\Longleftarrow)$

Se $\varnothing \neq X \equiv \alpha \in \mathbf{Or}$, então a bijeção de α em X, induz uma boa ordem em X.

Como isto pode ser feito com qualquer conjunto não vazio, vale o Princípio da Boa Ordem. ■

As próximas três seções serão dedicadas a definir, nos ordinais, as operações de soma, produto e exponenciação. O ideal seria definir estas operações como funções de **Or** $\times$ **Or** em **Or**. Mas não é possível fazer isto em ZF, já que **Or** não é um conjunto. Há, entretanto, uma solução bem criativa, como veremos a seguir.

4.4 Aritmética dos ordinais - Soma

Definição: Se α é ordinal, então a **soma de α com outro ordinal** é definida indutivamente por:
1. $\alpha + 0 = \alpha$.
2. $\alpha + \beta' = (\alpha + \beta)'$.
3. Se λ é ordinal limite, então $\alpha + \lambda = \bigcup\{\alpha + \beta \ / \ \beta \in \lambda\}$.

Obviamente, o primeiro trabalho tem de ser a prova de que a soma de ordinais é um ordinal:

Teorema 4.4.1. $\forall \alpha, \beta \in \boldsymbol{Or}$, $(\alpha + \beta) \in \boldsymbol{Or}$.

Teorema 4.4.2. $(\forall m, n \in \omega)(m+n \in \omega)$ *e* $(\forall n \in \omega)(1+n = n')$ *e* $1 + \omega = \omega$.
Demonstração:

1 e 2. Por indução em n.
3. $1 + \omega = \bigcup\{(1 + n) \ / \ n \in \omega\} = \bigcup\{n' \ / \ n \in \omega\} = \bigcup \omega = \omega$, pelo teorema 4.2.12 (pág. 85). ■

A seguir, outras duas propriedades, agora dos ordinais em geral. A primeira tem demonstração imediata, e a segunda, aparentemente mais simples, tem demonstração mais complicada.

Teorema 4.4.3. $\forall\alpha \in \boldsymbol{Or}$, $\alpha + 1 = \alpha'$
Demonstração:

$\alpha + 1 = \alpha + 0' = (\alpha + 0)' = \alpha'$. ■

Teorema 4.4.4. $\forall\alpha \in \boldsymbol{Or}$, $0 + \alpha = \alpha$
Demonstração:

Por Indução Transfinita 1 em α.
1. Se $\alpha = 0$; $0 + \alpha = 0 + 0 = 0 = \alpha$.
2. Se $\alpha = \beta'$, e vale para β: $0 + \alpha = 0 + \beta' = (0 + \beta)' = \beta' = \alpha$.
3. Se α é ordinal limite: $0 + \alpha = \bigcup\{0 + \beta \ / \ \beta \in \alpha\} = \bigcup \alpha = \alpha$, pelo teorema 4.2.12 (pág. 85). ■

Teorema 4.4.5. *A soma é monótona à direita, e fracamente monótona à esquerda, isto é: se* $\alpha < \beta$ *então*
1. $(\forall\gamma)(\gamma + \alpha < \gamma + \beta)$, *mas*
2. $(\forall\gamma)(\alpha + \gamma \leq \beta + \gamma)$ *Obs.: Se* γ *for sucessor, vale a desigualdade.*
3. $(\forall n \in \omega)(\alpha + n < \beta + n)$.
Demonstração:

A prova da parte (1) é por Indução Transfinita 1 em $\beta > 0$.

1.1. $\beta = 1 \Longrightarrow \alpha = 0 \Longrightarrow \gamma + \alpha = \gamma < \gamma' = \gamma + 1 = \gamma + \beta$.
1.2. $(\beta = \delta') \Longrightarrow (\alpha < \delta') \Longrightarrow (\alpha' \leq \delta') \Longrightarrow (\alpha \leq \delta)$.
  1.2.1. $\alpha < \delta \Longrightarrow$ (HI) $\gamma + \alpha < \gamma + \delta < (\gamma + \delta)' = \gamma + \delta' = \gamma + \beta$.
  1.2.2. $\alpha = \delta \Longrightarrow \gamma + \alpha = \gamma + \delta < (\gamma + \delta)' = \gamma + \delta' = \gamma + \beta$.
1.3. β é ordinal limite. Neste caso, $\alpha < \beta \Longrightarrow \alpha < \alpha' < \beta$.
  1.3.1. De $\alpha < \alpha'$ sai, pela Hipótese de Indução, $\gamma + \alpha < \gamma + \alpha'$, ou seja: $\gamma + \alpha \in \gamma + \alpha'$.
  1.3.2. $\alpha' < \beta \Longrightarrow \alpha' \in \beta \Longrightarrow \gamma + \alpha' \in \{\gamma + \delta \ / \ \delta < \beta\}$.
  1.3.3. Juntando (1.3.1) e (1.3.2), tem-se
   $\gamma + \alpha \in \bigcup\{\gamma + \delta \ / \ \delta < \beta\} = \gamma + \beta$,
   que é o mesmo que $\gamma + \alpha < \gamma + \beta$.

A prova da parte (2) é por Indução Transfinita 1 em γ.

2.1. Se $\gamma = 0$, $\alpha + \gamma = \alpha + 0 = \alpha < \beta = \beta + 0 = \beta + \gamma$.
2.2. Se $\gamma = \delta'$ então, pela Hipótese de Indução, $\alpha + \delta \leq \beta + \delta$.
Logo $(\alpha + \delta)' \leq (\beta + \delta)'$ pelo teorema 4.2.11 item (7), (pág. 84).
Então, $\alpha + \gamma = \alpha + \delta' = (\alpha + \delta)' \leq (\beta + \delta)' = \beta + \delta' = \beta + \gamma$.
Obs.: Note que a prova também funciona com $<$ no lugar de $\leq$.
2.3. Se γ é ordinal limite, então, pela HI, $(\forall \delta \in \gamma)\ \alpha + \delta \leq \beta + \delta$.
Logo, $\alpha + \gamma = \bigcup\{(\alpha + \delta)\ /\ \delta \in \gamma\} \leq \bigcup\{(\beta + \delta)\ /\ \delta \in \gamma\} = \beta + \gamma$.

Um exemplo de igualdade no caso (2) é o seguinte:
$0 < 1$, mas $0 + \omega = \omega = 1 + \omega$.

3. Se $n = 0$, é o caso (2.1).
Se n é sucessor, o item (2.2) mostra que vale a desigualdade. ■

O contrário da monotonia é o cancelamento. O interessante é que valem as duas leis do cancelamento em desigualdade, à direita e à esquerda.

Teorema 4.4.6. *Leis do cancelamento em desigualdade.*
1. Se $\gamma + \alpha < \gamma + \beta$, então $\alpha < \beta$ e
2. Se $\alpha + \gamma < \beta + \gamma$, então também $\alpha < \beta$.
Demonstração:

1. Pela Tricotomia dos Ordinais, ou $\alpha < \beta$ ou $\beta < \alpha$ ou $\alpha = \beta$.
   1.1. Se $\beta < \alpha$, então pelo teorema 4.4.5 parte (1), $\gamma + \beta < \gamma + \alpha$.
   Contradição.
   1.2. Se $\alpha = \beta$, então $\gamma + \alpha = \gamma + \beta$. Contradição.
   1.3. Sobrou $\alpha < \beta$.
2. A prova da parte (2) é análoga à da parte (1). ■

O termo cancelamento "em desigualdade" foi posto para contrastar com o cancelamento "em igualdade" que, infelizmente, em geral não vale à direita.

Teorema 4.4.7. *Leis do cancelamento em igualdade.*
1. Se $\gamma + \alpha = \gamma + \beta$, *então* $\alpha = \beta$, *mas*
2. De $\alpha + \gamma = \beta + \gamma$, ***em geral não se deduz*** $\alpha = \beta$. *Entretanto,*
3. Se $n \in \omega$, *então, de* $(\alpha + n = \beta + n)$ *conclui-se que* $\alpha = \beta$.
Demonstração:

1. Use a Tricotomia dos Ordinais e o teorema 4.4.5 parte (1).
2. Um contraexemplo da parte (2) é $0 + \omega = \omega = 1 + \omega$, pelo teorema 4.4.2.
3. A prova é por indução em n, usando o teorema 4.2.11 parte (5) (pág. 84). ■

Teorema 4.4.8. *Se* $\alpha < \beta$ *então existe* $\gamma > 0$ *tal que* $\beta = \alpha + \gamma$.
Demonstração:

1. Pelo teorema 4.4.4, $\beta = 0 + \beta \leq \alpha + \beta$, pelo teorema 4.4.5.
2. Como $\beta \leq \alpha + \beta$, existe γ, o menor dos ordinais δ tais que $\beta \leq \alpha + \delta$.
3. De $\alpha < \beta \leq \alpha + \gamma$ sai que $0 < \gamma$ pela lei do cancelamento. Então γ é sucessor ou limite.
4. Se $\gamma = \delta'$ então, pela minimalidade de γ, $\alpha + \delta < \beta \leq \alpha + \delta' =$ $= (\alpha + \delta)'$. Portanto, pelo teorema 4.2.11 item (8) (pág. 84), $\beta = (\alpha + \delta)' = \alpha + \delta' = \alpha + \gamma$.
5. Se γ é limite então, pela minimalidade de γ, $(\forall \delta < \gamma)(\alpha + \delta < \beta)$. Logo, $\alpha + \gamma = \bigcup\{\alpha + \delta \ / \ \delta < \gamma\} \leq \beta$, ou seja: $\alpha + \gamma \leq \beta$. De (2) sai que, $\beta \leq \alpha + \gamma$. Logo, $\beta = \alpha + \gamma$. ■

Teorema 4.4.9. *Se β é ordinal limite, então $\alpha + \beta$ também é ordinal limite.*
Demonstração:

1. $0 < \beta = 0 + \beta \leq \alpha + \beta$, pelo teorema 4.4.5. Então, $\alpha + \beta \neq 0$.
   Logo, $\alpha + \beta$ ou é sucessor, ou limite.
2. Suponha, por absurdo, $\alpha + \beta = \gamma'$.
   Então, $\gamma \in \alpha + \beta = \bigcup\{\alpha + \delta \ / \ \delta \in \beta\} \Longrightarrow (\exists \delta \in \beta)(\gamma \in \alpha + \delta)$.
   Logo, $\alpha + \beta = \gamma' < (\alpha + \delta)' = \alpha + \delta' \Longrightarrow \beta < \delta'$ pelo teorema 4.4.6.
   Portanto, $\beta \leq \delta$. Contradição, pois $\delta \in \beta$.
3. Logo, $\alpha + \beta$, não sendo zero nem sucessor, tem de ser limite. ■

Teorema 4.4.10. *A soma de ordinais é associativa, ou seja:* $\alpha + (\beta + \gamma) = (\alpha + \beta) + \gamma$. *Curiosamente, em geral não é comutativa. Mas nos naturais é comutativa:* $(\forall m \in \omega)(\forall n \in \omega)(m + n = n + m)$.
Demonstração:

1. A prova da associatividade é por Indução Transfinita 1 em γ:
   1.1. $\alpha + (\beta + 0) = \alpha + \beta = (\alpha + \beta) + 0$. Logo, vale para $\gamma = 0$.
   1.2. Supondo válido para γ: $\alpha + (\beta + \gamma') = \alpha + (\beta + \gamma)' =$
   $= [\alpha + (\beta + \gamma)]' = [(\alpha + \beta) + \gamma]' = (\alpha + \beta) + \gamma'$.
   1.3. Supondo γ ordinal limite e $(\forall \delta < \gamma)[\alpha + (\beta + \delta) = (\alpha + \beta) + \delta]$:
      1.3.1. $x \in \alpha + (\beta + \gamma) = \bigcup\{\alpha + \eta \ / \ \eta \in \beta + \gamma\} \Longrightarrow$
      $\Longrightarrow x \in \alpha + \eta$ com $\eta \in \beta + \gamma$.
      $\eta \in \beta + \gamma = \bigcup\{\beta + \delta \ / \ \delta \in \gamma\} \Longrightarrow \eta \in \beta + \delta$ com $\delta \in \gamma \Longrightarrow$
      $\Longrightarrow x \in (\alpha + \eta) \in \alpha + (\beta + \delta)$ com $\delta \in \gamma \Longrightarrow$
      $\Longrightarrow x \in \bigcup\{\alpha + (\beta + \delta) \ / \ \delta \in \gamma\} =$
      $= \bigcup\{(\alpha + \beta) + \delta \ / \ \delta \in \gamma\}$ pela HI $= (\alpha + \beta) + \gamma$.
      Logo $\alpha + (\beta + \gamma) \subseteq (\alpha + \beta) + \gamma$.
      1.3.2. $x \in (\alpha + \beta) + \gamma = \bigcup\{(\alpha + \beta) + \delta \ / \ \delta \in \gamma\} =$
      $= \bigcup\{\alpha + (\beta + \delta) \ / \ \delta \in \gamma\}$ pela HI.
      Então, $x < \alpha + (\beta + \delta)$ com $\delta \in \gamma$. E temos dois casos:
      ou $x \leq \alpha$ ou $\alpha < x$.
      Se $x \leq \alpha \Longrightarrow x \in \alpha + (\beta + \gamma)$ pois $\beta + \gamma$ é ordinal limite.

Se $\alpha < x \Longrightarrow (\exists\, \theta)(x = \alpha + \theta)$ pelo teorema 4.4.8 $\Longrightarrow$
$\Longrightarrow \theta < (\beta + \delta)$ com $\delta \in \gamma \Longrightarrow \theta < \beta + \gamma \Longrightarrow$
$\Longrightarrow \alpha + \theta < \alpha + (\beta + \gamma) \Longrightarrow x \in \alpha + (\beta + \gamma)$.
Logo $(\alpha + \beta) + \gamma \subseteq \alpha + (\beta + \gamma)$.

1.3.3. (1.3.1) e (1.3.2) provam que $\alpha + (\beta + \gamma) = (\alpha + \beta) + \gamma$.

2. Um exemplo da não comutatividade é: $\omega + 1 = \omega' \neq \omega = 1 + \omega$, pelo teorema 4.4.2.
3. A prova da comutatividade da soma dos naturais é por indução em n, usando o teorema 4.4.2 e a parte (1) acima.■

4.4.1 Uma visão geométrica da soma de ordinais

Vamos apresentar agora uma maneira de se visualizar a soma de ordinais, que foi definida de modo indutivo e abstrato. O caminho, como sempre, é estender para todos os ordinais o que acontece com os naturais. Comecemos, então, colocando os ordinais num eixo horizontal imaginário, como o eixo cartesiano dos x's, crescendo da esquerda para a direita. Entretanto, diferentemente do que acontece, em análise real, com os reais no eixo cartesiano, aqui, como os ordinais têm os menores que ele como elementos, cada ordinal é visto, não apenas como um ponto, mas como todo o **segmento** do zero até ele.

Nos naturais, o segmento correspondente a $n+m$ tem comprimento igual à soma dos comprimentos de n e m, como se colocássemos cópias dos dois segmentos um após o outro para montar o segmento de $n+m$, sendo que a ordem não importa pois entre naturais a soma é comutativa.

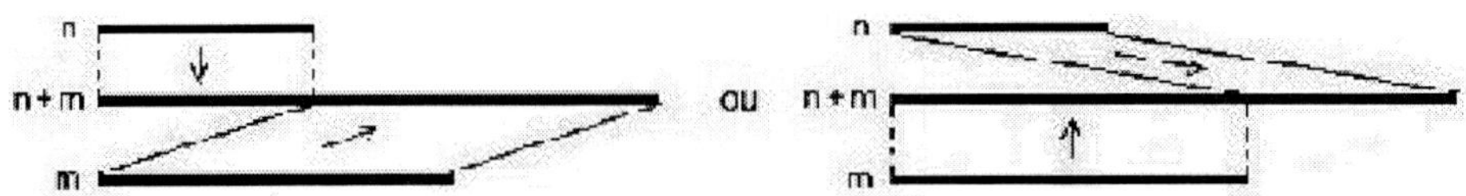

Nos naturais, portanto, dá na mesma se colocamos a cópia de m à direita da cópia de n ou o contrário. Mas, no momento que passamos a lidar com ordinais infinitos, a coisa muda, pois a ordem, sim, importa.

Observe, por exemplo, que o ordinal $\omega + 1$ tem um elemento que é o maior de todos do conjunto. Então, na montagem geométrica de $\omega + 1$, a cópia do 1 deve ser colocada **depois** da cópia de ω. Assim, a maneira correta de se visualizar a soma $\alpha + \beta$, para ordinais quaisquer, é colocando a cópia do ordinal β imediatamente à **direita** da cópia do ordinal α. Além disto, é importante que estas cópias sejam **disjuntas** porque, se houver sobreposições, o resultado final não terá o tamanho adequado.

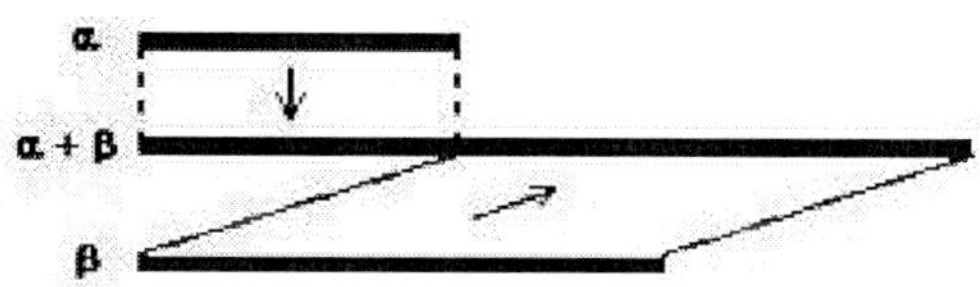

O restante desta seção será o desenvolvimento rigoroso da imagem que acabamos de criar, e terá os seguintes passos:

Passo 1. Criar cópias **disjuntas** de α e β, e fazer a união destas cópias.
Passo 2. Colocar uma boa ordem nesta união, garantindo que:
   2.1. A cópia de α, nesta união, seja similar a α.
   2.2. A cópia de β, nesta união, seja similar a β.
   2.3. Cada elemento da cópia de α seja menor que cada elemento da cópia de β.
Passo 3. Provar que, com esta boa ordem, esta união é a desejada representação de $\alpha + \beta$.

Na execução do passo 1, a união de cópias disjuntas é uma técnica já conhecida, feita com conjuntos quaisquer, e que tem até nome e símbolo já consagrados:

Definição: Dados os conjuntos X e Y, a **união disjunta** de X e Y, é o conjunto: $X \oplus Y = (X \times \{0\}) \cup (Y \times \{1\})$.

Para o passo 2, a boa ordem da união disjunta dos conjuntos X e Y é apresentada pelo próximo teorema.

Teorema 4.4.11. *Sejam $(X, <_X)$ e $(Y, <_Y)$ conjuntos bem ordenados. Define-se em $X \oplus Y$ a relação:*

$$(< x, i >) < (< y, j >) \iff \left\{ \begin{array}{lll} x <_X y & se & i = j = 0 \\ x <_Y y & se & i = j = 1 \\ i = 0 & e & j = 1 \end{array} \right\}$$

Então, esta relação é uma boa ordem em $X \oplus Y$ e satisfaz as condições descritas acima para o passo 2.

Finalmente, o passo 3 é completado da seguinte forma: De acordo com o teorema 4.3.10, a soma disjunta $\alpha \oplus \beta$, com a boa ordem que acabou de ser definida, é similar a um **único** ordinal, que é, pelo próximo teorema (4.4.12), exatamente $\alpha + \beta$.

Teorema 4.4.12. *Sejam α e β ordinais. Então, $\alpha \oplus \beta$, com a relação definida no teorema 4.4.11, é similar a $\alpha + \beta$.*
Demonstração:

Se X é vazio, $X \times \{0\}$ e $X \times \{1\}$ também são vazios. Então, o teorema é evidente se $\alpha = 0$ ou $\beta = 0$. Por isto vamos trabalhar somente no caso em que $\alpha \neq 0 \neq \beta$.
Seja a função $f : \alpha \oplus \beta \longrightarrow \alpha + \beta$ definida pela seguinte regra:

$$f(< x, i >) = \left\{ \begin{array}{lll} x & \text{se} & i = 0 \\ \alpha + x & \text{se} & i = 1 \end{array} \right\}$$

1. f está bem definida, isto é: Im $f \subseteq \alpha + \beta$.
   1.1. Se $i = 0$ então $x \in \alpha \subseteq \alpha + \beta$.
   1.2. Se $i = 1$ então $x \in \beta \Longrightarrow \alpha + x \in \alpha + \beta$.
2. f é 1 a 1. Suponha $f(< x, i >) = f(< y, j >)$.
   2.1. $(i = j = 0) \Longrightarrow f(< x, i >) = x$ e $f(< y, j >) = y \Longrightarrow$
   $\Longrightarrow (x = y) \Longrightarrow (< x, i >=< y, j >)$.
   2.2. $(i = j = 1) \Longrightarrow \alpha + x = f(< x, i >) = f(< y, j >) = \alpha + y \Longrightarrow$
   $\Longrightarrow$ Pelo teorema 4.4.7, $(x = y) \Longrightarrow (< x, i >=< y, j >)$.
   2.3. Não acontece $i = 0$ e $j = 1$, pois, senão, $f(< x, i >) = x < \alpha$ e $f(< y, j >) = \alpha + y \geq \alpha$.
   2.4. Analogamente, não acontece $i = 1$ e $j = 0$.
3. f é sobre.
   3.1. Seja $z \in \alpha + \beta$. Então z é ordinal e, portanto,
   ou $z < \alpha$ ou $z = \alpha$ ou $\alpha < z$.
      3.1.1. Se $z < \alpha$ então $f(< z, 0 >) = z$.
      3.1.2. Se $z = \alpha$ então $f(< 0, 1 >) = \alpha = z$.
      3.1.3. Se $\alpha < z$ então, pelo teorema 4.4.8, $\exists \gamma$ tal que $z = \alpha + \gamma$.
      Por hipótese, $z < \alpha + \beta$. Logo, pelo teorema 4.4.6,
      $\gamma \in \beta \Longrightarrow f(< \gamma, 1 >) = \alpha + \gamma = z$.
4. f preserva a ordem.
   4.1. suponha $< x, i > < < y, j >$ em $\alpha \oplus \beta$. Então, não acontece $(i = 1$ e $j = 0)$.
   4.2. $i = j = 0 \Longrightarrow x, y \in \alpha$ e também $x < y \Longrightarrow f(< x, i >) =$
   $= x < y = f(< y, j >)$.
   4.3. $i = j = 1 \Longrightarrow x, y \in \beta$ e também $x < y \Longrightarrow f(< x, i >) =$
   $= \alpha + x < \alpha + y = f(< y, j >)$.
   4.4. $(i = 0$ e $j = 1) \Longrightarrow (x \in \alpha$ e $y \in \beta) \Longrightarrow f(< x, i >) =$
   $= x < \alpha \leq \alpha + y = f(< y, j >)$.
5. Portanto $\alpha \oplus \beta$ é similar a $\alpha + \beta$. ■

4.5 Aritmética dos ordinais - Produto

Definição: Se α é ordinal, então o **produto de α com outro ordinal** é definido indutivamente por:

1. $\alpha.0 = 0$.
2. $\alpha.\beta' = (\alpha.\beta) + \alpha$.
3. Se λ é ordinal limite, então $\alpha.\lambda = \bigcup\{\alpha.\beta \ / \ \beta \in \lambda\}$.

Novamente, o primeiro trabalho tem de ser a prova de que o produto de ordinais é um ordinal:

Teorema 4.5.1. $\forall \alpha, \beta \in \boldsymbol{Or}$, $\alpha.\beta \in \boldsymbol{Or}$.

Vamos enunciar vários teoremas sobre o produto, análogos aos apresentados para a soma. As demonstrações são semelhantes às feitas para a soma.

Teorema 4.5.2. $(\forall \alpha)(0.\alpha = 0)$ *e* $(\forall \alpha)(\alpha.1 = \alpha = 1.\alpha)$.

Teorema 4.5.3. *O produto é monótono à direita, e fracamente monótono à esquerda, isto é: Se* $\alpha < \beta$, *então*
1. $(\forall \gamma > 0)(\gamma.\alpha < \gamma.\beta)$, *mas*
2. $(\forall \gamma > 0)(\alpha.\gamma \leq \beta.\gamma)$. *Obs.: Vale a desigualdade se* γ *for sucessor.*
3. $(\forall n \in \omega)[(n > 0) \longrightarrow (\alpha.n < \beta.n)]$.
Demonstração:

1. Prova por indução em β. Começando com $\beta = 1$ pois $\beta > \alpha$.
2. Prova por indução em γ. Começando com $\gamma = 1$ pois $\gamma > 0$.
3. Veja a prova da observação do item 2. ■

Teorema 4.5.4. $(\forall m, n \in \omega)$ *tem-se:*
1. $m.n \in \omega$.
2. $n.\omega = \omega$ *se* $n > 0$.
Demonstração:

1. Por indução em n.
2. Também por indução em n. Se $n = 1$, então $n.\omega = 1.\omega = \omega$.
   Então vamos supor $1 < n$.
   2.1. Seja $k \in n.\omega$. Então $k \in \bigcup\{n.x \mid x \in \omega\} \subseteq \bigcup\{x \mid x \in \omega\} =$
   $= \omega$, usando a parte 1. Logo, $n.\omega \subseteq \omega$.
   2.2. Seja $k \in \omega$. Então $k' \in \omega \Longrightarrow nk' \in \{n.x \mid x \in \omega\}$.
   Então, pelo teorema 2.5.2 (pág. 23) $n.k' \subseteq \bigcup\{n.x \mid x \in \omega\} =$
   $= n.\omega$.
   Agora, $1 < n \Longrightarrow k \in k' \leq nk' \subseteq n.\omega$, usando o teorema 4.5.3.
   Logo $\omega \subseteq n.\omega$.
   2.3. (2.1) e (2.2) provam que $n.\omega = \omega$. ■

Teorema 4.5.5. *Se* β *é ordinal limite e* $\alpha \neq 0$, *então* $\alpha.\beta$ *também é ordinal limite.*
Demonstração:

1. β limite $\Longrightarrow 1 < \beta \Longrightarrow 0 < \alpha = \alpha.1 < \alpha.\beta \Longrightarrow \alpha.\beta \neq 0$.
2. Suponha, por absurdo, $\alpha.\beta = \gamma'$.
   2.1. Seja $\delta < \beta$. Então $\delta' < \beta$, porque β é limite.
   2.2. $1 \leq \alpha \Longrightarrow (\forall \delta \in \beta)\ [(\alpha.\delta) + 1 \leq (\alpha.\delta) + \alpha = \alpha.\delta' < \alpha.\beta =$
   $= \gamma' = \gamma + 1]$.
   Logo, $(\forall \delta \in \beta)(\alpha.\delta < \gamma)$ pelo Teorema 4.4.6 (pág 99).
   2.3. Pelo teorema 4.2.13, $\alpha.\beta = \bigcup\{\alpha.\delta \mid \delta \in \beta\} \leq \gamma < \gamma'$.
   Contradição.
   2.4. Logo $\alpha.\beta$ não é sucessor.
3. (1) e (2.4) mostram que $\alpha.\beta$ tem de ser ordinal limite. ■

Teorema 4.5.6. *Leis do cancelamento em desigualdade.*
1. Se $\gamma > 0$ e $\gamma.\alpha < \gamma.\beta$, então $\alpha < \beta$.
2. Se $\gamma > 0$ e $\alpha.\gamma < \beta.\gamma$, então $\alpha < \beta$.
Demonstração:

1. Pela Tricotomia dos Ordinais, $\alpha < \beta$ ou $\alpha > \beta$ ou $\alpha = \beta$.
   1.1. $\alpha > \beta \Longrightarrow$ pelo teorema 4.5.3 parte (1), $\gamma.\beta < \gamma.\alpha$. Contradição.
   1.2. $\alpha = \beta \Longrightarrow \gamma.\alpha = \gamma.\beta$. Contradição.
   1.3. Sobrou $\alpha < \beta$.
2. Pela Tricotomia dos Ordinais, $\alpha < \beta$ ou $\alpha > \beta$ ou $\alpha = \beta$.
   2.1. $\alpha > \beta \Longrightarrow$ pelo teorema 4.5.3 parte (2), $\gamma.\beta \leq \gamma.\alpha$. Contradição.
   2.2. $\alpha = \beta \Longrightarrow \gamma.\alpha = \gamma.\beta$. Contradição.
   2.3. Sobrou $\alpha < \beta$. ■

Teorema 4.5.7. *Leis do cancelamento em igualdade.*
1. Se $\gamma > 0$ e $\gamma.\alpha = \gamma.\beta$, então $\alpha = \beta$, mas
2. De $\gamma > 0$ e $\alpha.\gamma = \beta.\gamma$, em geral ***não se deduz*** *$\alpha = \beta$. Entretanto,*
3. Se γ é sucessor, e $\alpha.\gamma = \beta.\gamma$, então $\alpha = \beta$.
Demonstração:

1. Pela Tricotomia dos Ordinais, $\alpha < \beta$ ou $\alpha > \beta$ ou $\alpha = \beta$.
   1.1. $\alpha > \beta \Longrightarrow$ pelo teorema 4.5.3, $\gamma.\beta < \gamma.\alpha$ Contradição.
   1.2. $\alpha < \beta \Longrightarrow$ pelo teorema 4.5.3, $\gamma.\alpha < \gamma.\beta$ Contradição.
   1.3. Sobrou $\alpha = \beta$.
2. Um contra-exemplo é $1.\omega = \omega = 2.\omega$ pelo teorema 4.5.4.
3. Pela Tricotomia dos Ordinais, $\alpha < \beta$ ou $\alpha > \beta$ ou $\alpha = \beta$.
   3.1. $\alpha > \beta \Longrightarrow$ pelo teorema 4.5.3, $\beta.\gamma < \alpha.\gamma$. Contradição.
   3.2. $\alpha < \beta \Longrightarrow$ pelo teorema 4.5.3, $\alpha.\gamma < \beta.\gamma$. Contradição.
   3.3. Sobrou $\alpha = \beta$. ■

Teorema 4.5.8. *Vale a Lei Distributiva à esquerda, mas não à direita.*
1. $\gamma.(\alpha+\beta) = (\gamma.\alpha) + (\gamma.\beta)$, *mas*
2. Em geral, $(\alpha+\beta).\gamma \neq (\alpha.\gamma) + (\beta.\gamma)$. *Entretanto,*
3. Se $m, n, k \in \omega$, *então* $(m+n).k = m.k + n.k$.
Demonstração:

1. Por indução em β supondo $\gamma > 0$, já que é imediato para $\gamma = 0$.
 1.1. Se $\beta = 0$ é imediato.
 1.2. Supondo $\gamma.(\alpha+\beta) = \gamma.\alpha + \gamma.\beta$, provaremos que vale para β'.
 $\gamma.(\alpha+\beta') = \gamma.(\alpha+\beta)' = \gamma.(\alpha+\beta) + \gamma = (\gamma.\alpha + \gamma.\beta) + \gamma =$
 $= \gamma.\alpha + (\gamma.\beta + \gamma) = \gamma.\alpha + \gamma.\beta'$.
 1.3. Sejam β ordinal limite e $(\forall\delta \in \beta)(\gamma.(\alpha+\delta) = (\gamma.\alpha) + (\gamma.\delta))$.
  1.3.1. Se β é limite, então $\alpha+\beta$ também é limite.
  Logo, $\gamma.(\alpha+\beta) = \bigcup\{(\gamma.\delta) \ / \ \delta \in (\alpha+\beta)\} = X$.
  1.3.2. Se β é limite, então, como $\gamma > 0$, $\gamma.\beta$ também é limite.
  Logo, $(\gamma.\alpha) + (\gamma.\beta) = \bigcup\{(\gamma.\alpha + \delta) \ / \ \delta \in (\gamma.\beta)\} = Y$.
  1.3.3. Afirmativa: $X \subseteq Y$. Seja $x \in X$.
  Então, $x \in \gamma.\delta$ com $\delta \in (\alpha+\beta)$, e $\delta < \alpha$ ou $\alpha \leq \delta$.
   1.3.3.1. Se $\delta < \alpha$ então $\gamma.\delta < \gamma.\alpha \Longrightarrow x \in \gamma.\alpha \Longrightarrow x \in Y$.
   1.3.3.2. Se $\alpha \leq \delta$ então, pelo teorema 4.4.8, $(\exists\eta)(\delta = \alpha+\eta)$.
   Mas, $\delta < (\alpha+\beta) \Longrightarrow (\alpha+\eta) < (\alpha+\beta) \Longrightarrow \eta < \beta$.
   Pela HI $\gamma.\delta = \gamma.(\alpha+\eta) = \gamma.\alpha + \gamma.\eta$. Além disso,
   $\eta < \beta \Longrightarrow \gamma.\eta < \gamma.\beta$. Então, $x \in \gamma.\delta = \gamma.\alpha + \gamma.\eta$ com
   $\gamma.\eta \in \gamma.\beta$, ou seja: $x \in Y$.
   1.3.3.3. Então, em qualquer caso, $x \in Y$, ou seja: $X \subseteq Y$.
  1.3.4 Afirmativa: $Y \subseteq X$. Seja $y \in Y$.
  Então $y \in (\gamma.\alpha + \delta)$ com $\delta \in \gamma.\beta$.
  β limite $\Longrightarrow \gamma.\beta = \bigcup\{\gamma.\eta \ / \ \eta \in \beta\} \Longrightarrow \delta \in \gamma.\eta$ com $\eta \in \beta$.
  Então, $y < (\gamma.\alpha + \gamma.\eta)$ com $\eta \in \beta$.
  Como $\eta \in \beta$, tem-se $\gamma.\alpha + \gamma.\eta = \gamma.(\alpha+\eta)$ pela HI.
  Também, $\eta < \beta \Longrightarrow \alpha+\eta < \alpha+\beta$.
  Logo, $y \in \gamma.(\alpha+\eta)$ com $\alpha+\eta \in \alpha+\beta$.
   Portanto $y \in X$.

1.3.5. De (1.3.3) e (1.3.4) sai que $X = Y$, ou seja:
$\gamma.(\alpha + \beta) = (\gamma.\alpha) + (\gamma.\beta)$.

1.4. (1.1) a (1.3), provam que vale a distributividade para todo β.

2. Um contraexemplo da parte (2) é
$(1 + 1).\omega = \omega \neq \omega + \omega = (1.\omega) + (1.\omega)$.

3. Use os teoremas 4.4.9 e 4.4.10. ∎

Teorema 4.5.9. *O produto é associativo, ou seja:*

1. $\alpha.(\beta.\gamma) = (\alpha.\beta).\gamma$.

2. Em geral o produto não é comutativo, mas

3. $(\forall m, n \in \omega)(m.n = n.m)$.

Demonstração:

1. Se $\beta = 0$, então $\alpha.(\beta.\gamma) = \alpha.(0.\gamma) = \alpha.0 = 0 = (\alpha.0).\gamma = (\alpha.\beta).\gamma$.
Logo vamos supor $\beta > 0$, e provar por indução em γ.

1.1. $\gamma = 0 \Longrightarrow \alpha.(\beta.\gamma) = \alpha.(\beta.0) = \alpha.0 = 0 = (\alpha.\beta).0 = (\alpha.\beta).\gamma$.

1.2. Seja $\gamma = \delta'$ e suponha válido para δ.

1.2.1. $\alpha.(\beta.\gamma) = \alpha.(\beta.\delta') = \alpha.(\beta.\delta + \beta) = \alpha.(\beta.\delta) + \alpha.\beta$
pela distributividade.

1.2.2. Pela hipótese de indução, $\alpha.(\beta.\delta) = (\alpha.\beta).\delta$.

1.2.3. Então, $\alpha.(\beta.\gamma) = (\alpha.\beta).\delta + (\alpha.\beta) = (\alpha.\beta).\delta' = (\alpha.\beta).\gamma$.

1.3. Suponha γ limite, e válido para todo $\eta \in \gamma$.

1.3.1. Pelo teorema 4.5.5, $\beta.\gamma$ também é limite.
Logo, $\alpha.(\beta.\gamma) = \bigcup\{\alpha.\delta \ / \ \delta \in \beta.\gamma\}$.

1.3.2. γ limite $\Longrightarrow (\alpha.\beta).\gamma = \bigcup\{(\alpha.\beta).\eta \ / \ \eta \in \gamma\} =$
$= \bigcup\{\alpha.(\beta.\eta) \ / \ \eta \in \gamma\}$, usando a Hipótese de Indução.

1.3.3. Pelos teoremas 4.5.3 e 4.5.6, $\eta < \gamma \Longleftrightarrow \beta.\eta < \beta.\gamma$.

1.3.4. De (1.3.2) e (1.3.3) tira-se $(\alpha.\beta).\gamma =$
$= \bigcup\{\alpha.(\beta.\eta) \ / \ (\beta.\eta) \in (\beta.\gamma)\} = \bigcup\{\alpha.\delta \ / \ \delta \in \beta.\gamma\}$.

1.3.5. De (1.3.1) e (1.3.4) deduz-se que $\alpha.(\beta.\gamma) = (\alpha.\beta).\gamma$.

1.4. De (1.1) a (1.3) sai a tese.

2. Um exemplo é: $2.\omega = \omega \neq \omega + \omega = \omega.1 + \omega = \omega.1' = \omega.2$.

3. Por indução em n, usando os teoremas 4.5.2 e 4.5.8. ∎

4.6 Aritmética dos ordinais - Exponenciação

Definição: Se α é ordinal, então a **exponenciação de α por outro ordinal** é definida indutivamente por:

1. $\alpha^0 = 1$.
2. $\alpha^{\beta'} = (\alpha^\beta).\alpha$.
3. Se λ é ordinal limite e
   3.1. Se $\alpha = 0$, então $\alpha^\lambda = 0$.
   3.2. Se $\alpha > 0$, então $\alpha^\lambda = \bigcup\{\alpha^\beta \ / \ \beta \in \lambda\}$.

Teorema 4.6.1. $\forall \alpha, \beta \in \boldsymbol{Or}$, $(\alpha^\beta) \in \boldsymbol{Or}$.

Teorema 4.6.2. *Se α, β e γ são ordinais, então:*
1. $\alpha^1 = \alpha$.
2. $\alpha > 0 \Longrightarrow \alpha^\beta > 0$.
3. $\beta > 0 \Longrightarrow 0^\beta = 0$.
4. Se $\alpha > 1$ *e* $\beta < \gamma$, *então* $\alpha^\beta < \alpha^\gamma$.
5. $1^\alpha = 1$ *para todo* α.
6. Se γ *é limite e* $\alpha > 1$, *então* α^γ *também é limite.*
7. $\alpha^{\beta+\gamma} = \alpha^\beta.\alpha^\gamma$.
8. $(\alpha^\beta)^\gamma = \alpha^{\beta.\gamma}$.
Demonstração:

1. $\alpha^1 = \alpha^{0'} = \alpha^0.\alpha = 1.\alpha = \alpha$.
2. Por indução em β.
   2.1. $\beta = 0 \Longrightarrow \alpha^\beta = \alpha^0 = 1 > 0$.
   2.2. $\beta = \delta' \Longrightarrow$ (HI) $1 \leq \alpha^\delta \Longrightarrow 0 < \alpha = 1.\alpha \leq \alpha^\delta.\alpha =$
   $= \alpha^{\delta'} = \alpha^\beta$, usando o teorema 4.5.3.
   2.3. β limite. Então, $1 \in \beta$. Portanto, $0 < \alpha = \alpha^1 \leq$
   $\leq \bigcup\{\alpha^\delta \ / \ \delta \in \beta\} = \alpha^\beta$.

3. Por indução em β.
   3.1. $\beta = 1 \Longrightarrow 0^\beta = 0^1 = 0$ por (1).
   3.2. $\beta = \delta' \Longrightarrow 0^\beta = 0^{\delta'} = 0^\delta.0 = 0$.
   3.3. Se β é limite, $0^\beta = \bigcup\{0^\delta \;/\; \delta \in \beta\} =$ (pela HI) $\bigcup\{0\} = 0$.
4. Por indução em γ, supondo $\gamma > 0$, já que $\beta < \gamma$.
   4.1. $\gamma = 1 \Longrightarrow \beta = 0 \Longrightarrow \alpha^\beta = \alpha^0 = 1 < \alpha = \alpha^1 = \alpha^\gamma$.
   4.2. $\gamma = \delta' \Longrightarrow \alpha^\gamma = \alpha^\delta.\alpha > \alpha^\delta$, por (2) e pelo teorema 4.5.3.
   Agora, $\beta < \gamma = \delta' \Longrightarrow \beta \leq \delta \Longrightarrow$ (HI) $\alpha^\beta \leq \alpha^\delta < \alpha^\gamma$.
   4.4. γ limite e $\beta < \gamma \Longrightarrow \beta < \beta' < \gamma \Longrightarrow$ (HI) $\alpha^\beta < \alpha^{\beta'}$.
   γ limite $\Longrightarrow \alpha^\gamma = \bigcup\{\alpha^\delta \;/\; \delta \in \gamma\} \Longrightarrow \alpha^{\beta'} \leq \alpha^\gamma$ pois $\beta' \in \gamma$.
   Logo $\alpha^\beta < \alpha^\gamma$.
5. Por indução em α.
   5.1. $\alpha = 0 \Longrightarrow 1^\alpha = 1$ por definição.
   5.2. $\alpha = \beta' \Longrightarrow 1^\alpha = 1^{\beta'} = 1^\beta.1 = 1.1 = 1$ usando a HI.
   5.3. α limite $\Longrightarrow 1^\alpha = \bigcup\{1^\delta \;/\; \delta \in \alpha\} = \bigcup\{1\} = 1$ usando a HI.
6. Vamos provar que α^γ não é zero nem sucessor.
   6.1. Por (2), $\alpha^\gamma > 0$, pois $\alpha > 1$.
   6.2. Suponha, por absurdo, $\beta' = \alpha^\gamma = \bigcup\{\alpha^\delta \;/\; \delta \in \gamma\}$.
   Então $\beta \in \alpha^\delta$ com $\delta \in \gamma$.
   Mas $\beta < \alpha^\delta \Longrightarrow \alpha^\gamma = \beta' \leq \alpha^\delta < \alpha^\gamma$ por (4). Contradição.
   Logo, α^γ não é sucessor.
7. Dividindo em casos:
   7.1. $\beta = 0 \Longrightarrow \alpha^{\beta+\gamma} = \alpha^\gamma = 1.\alpha^\gamma = \alpha^\beta.\alpha^\gamma$.
   7.2. $\gamma = 0 \Longrightarrow \alpha^{\beta+\gamma} = \alpha^\beta = \alpha^\beta.1 = \alpha^\beta.\alpha^\gamma$.
   7.3. $\alpha = 0$ e $\beta > 0$ e $\gamma > 0 \Longrightarrow \alpha^{\beta+\gamma} = 0 = 0.0 = \alpha^\beta.\alpha^\gamma$.
   7.4. $\alpha = 1 \Longrightarrow \alpha^{\beta+\gamma} = 1^{\beta+\gamma} = 1 = 1.1 = 1^\beta.1^\gamma = \alpha^\beta.\alpha^\gamma$.

   Agora, para $\alpha > 1, \beta > 0$ e $\gamma > 0$, a prova é por indução em γ.

   7.5. $\gamma = 1 \Longrightarrow \alpha^{\beta+\gamma} = \alpha^{\beta'} = \alpha^\beta.\alpha = \alpha^\beta.\alpha^\gamma$.
   7.6. $\gamma = \delta'$ e vale para δ. Então, $\alpha^{\beta+\gamma} = \alpha^{\beta+\delta'} = \alpha^{(\beta+\delta)'} =$
   $= \alpha^{\beta+\delta}.\alpha =$ (HI) $(\alpha^\beta.\alpha^\delta).\alpha = \alpha^\beta.(\alpha^\delta.\alpha) = \alpha^\beta.\alpha^{\delta'} = \alpha^\beta.\alpha^\gamma$.

7.7. γ limite. Pelo teorema 4.4.9 e a parte (6) do teorema 4.6.2, $\beta + \gamma$ e α^γ também são ordinais limite.

7.7.1. Sejam $X = \{\alpha^\delta \ / \ \delta \in \beta+\gamma\}$ e $Y = \{\alpha^\delta \ / \ \beta \leq \delta < \beta+\gamma\}$. Prove que $\bigcup X = \bigcup Y$.

7.7.2. Afirmativa: $\bigcup\{\alpha^\delta \ / \ \beta \leq \delta < \beta+\gamma\} = \bigcup\{\alpha^{\beta+\eta} \ / \ \eta \in \gamma\}$. De fato, $\beta \leq \delta < \beta+\gamma \iff \delta = \beta + \eta$ com $\eta < \gamma$, usando o teorema 4.4.8 (pág. 100).

7.7.3. Sejam $A = \{\alpha^\beta.\delta \ / \ \delta \in \alpha^\gamma\}$ e $B = \{\alpha^\beta\alpha^\eta \ / \ \eta \in \gamma\}$. Prove que $A = B$. Portanto $\bigcup A = \bigcup B$.

7.7.4. $\alpha^{\beta+\gamma} = \bigcup\{\alpha^\delta \ / \ \delta \in \beta+\gamma\} = \bigcup\{\alpha^\delta \ / \ \beta \leq \delta < \beta+\gamma\}$ por (7.7.1) $= \bigcup\{\alpha^{\beta+\eta} \ / \ \eta \in \gamma\}$ por (7.7.2) $= \bigcup\{\alpha^\beta\alpha^\eta \ / \ \eta \in \gamma\}$ pela HI $= \bigcup\{\alpha^\beta.\delta \ / \ \delta \in \alpha^\gamma\}$ por (7.7.3) $= \alpha^\beta.\alpha^\gamma$ por (6).

8. Os casos em que um dos 3 ordinais é zero, e o caso em que $\alpha = 1$, são exercícios, e são semelhantes aos casos (7.1) a (7.4).

Agora, para $\alpha > 1, \beta > 0$ e $\gamma > 0$, a prova é por indução em γ.

8.1. $\gamma = 1 \Longrightarrow (\alpha^\beta)^\gamma = \alpha^\beta = \alpha^{\beta.1} = \alpha^{\beta.\gamma}$.

8.2. $\gamma = \delta' \Longrightarrow (\alpha^\beta)^\gamma = (\alpha^\beta)^{\delta'} = (\alpha^\beta)^\delta.\alpha^\beta =$ (Hip.Ind.) $\alpha^{\beta.\delta}.\alpha^\beta = = \alpha^{\beta\delta+\delta} = \alpha^{\beta\delta'} = \alpha^{\beta.\gamma}$.

8.3. γ limite. Então $\beta.\gamma$ também é ordinal limite.

8.3.1. Sejam $X = \{\alpha^\eta \ / \ \eta \in \beta.\gamma\}$ e $Y = \{\alpha^{\beta.\delta} \ / \ \delta \in \gamma\}$. Prove que $\bigcup X = \bigcup Y$.

8.3.2. $(\alpha^\beta)^\gamma = \bigcup\{(\alpha^\beta)^\delta \ / \ \delta \in \gamma\}$=(HI) $\bigcup\{\alpha^{\beta.\delta} \ / \ \delta \in \gamma\} =$ = (por (8.3.1)) $\bigcup\{\alpha^\eta \ / \ \eta \in \beta.\gamma\} = \alpha^{\beta.\gamma}$. ■

Aqui é interessante chamar a atenção para um ponto curioso. De acordo com a definição de exponenciação e com o item (5) do teorema 4.6.2, deduz-se que $0^0 = 1$, $\omega^0 = 1$ e $1^\omega = 1$. Por outro lado, **em análise real**, é definida a exponenciação a^b de números reais, e chega-se à conclusão de que as exponenciações $0^0, \infty^0$ e 1^∞ devem ser estabelecidas como **indeterminadas** em função das seguintes observações:

1. 0^0 é indeterminado porque $\lim\limits_{n\to 0} n^0 = 1$, e $\lim\limits_{n\to 0} 0^n = 0$
2. ∞^0 é indeterminado porque $\lim\limits_{n\to\infty} n^{1/n} = 0$, e $\lim\limits_{n\to\infty} n^0 = 1$
3. 1^∞ é indeterminado porque $\lim\limits_{n\to\infty} 1^n = 1$, e $\lim\limits_{n\to 0}(1+n)^{1/n} = \mathrm{e}$

A razão destas diferenças é que as definições em análise real **não são** generalizações das operações com ordinais. São **operações distintas**, em **contextos distintos**. E para confirmar esta diferença, o item (1), abaixo, é válido para a exponenciação de reais, pois: $(a.b)^c = \exp[c.\ln(a.b)]=\exp[c.\ln(a)+c.\ln(b)]=\exp[c.\ln(a)].\exp[c.\ln(b)]=a^c.b^c$.

Teorema 4.6.3. *Se α, β e γ são ordinais, então:*
1. Em geral $(\alpha.\beta)^\gamma \neq \alpha^\gamma.\beta^\gamma$, mas
2. Se $\alpha, \beta, \gamma \in \omega$, então vale a igualdade.
Demonstração:

1. $(\omega.2)^2 = (\omega.2).(\omega.2) = \omega.(2.\omega).2 = \omega.\omega.2 = \omega^2.2 < \omega^2.4 = \omega^2.2^2$, usando o teorema 4.5.3.
2. Por indução em γ.
   2.1. $\gamma = 0 \Longrightarrow (\alpha.\beta)^0 = 1 = 1.1 = \alpha^0.\beta^0$.
   2.2. $\gamma = \delta' \Longrightarrow (\alpha.\beta)^{\delta'} = (\alpha.\beta)^\delta.(\alpha.\beta) = \alpha^\delta.\beta^\delta.\alpha.\beta = (\alpha^\delta.\alpha).(\beta^\delta.\beta) = = \alpha^{\delta'}.\beta^{\delta'}$. ■

Neste ponto é interessante salientar um fato que foi demonstrado acima nos diversos teoremas sobre operações com ordinais: Estas operações, **nos naturais**, são sempre bem comportadas.

4.7 O início da cadeia dos ordinais

De posse deste ferramental todo, podemos descrever o início da cadeia de ordinais, que começa com os números naturais:

$$0, \quad 1, \quad 2, \quad 3, \quad ....$$

Após eles, vem o primeiro ordinal infinito, que é também o primeiro ordinal limite: ω.

A seguir vêm:

$$\omega + 1, \ \omega + 2, \ \omega + 3, \ ...$$

E chegamos ao segundo ordinal limite: $\omega + \omega = \omega.2$.

Agora, aos saltos, parando somente nos ordinais limite:

$$\omega.2, \ \omega.3, \ \omega.4, \ ...$$

Até chegar em $\omega.\omega = \omega^2$.

E com saltos ainda maiores:

$$\omega^2, \ \omega^3, \ \omega^4, \ ...$$

Chegando a ω^ω.

Agora, com saltos gigantes, continuamos:

$$\omega^\omega, \ \omega^{\omega^\omega}, \ \omega^{\omega^{\omega^\omega}}, \ ...$$

Até chegar a um imenso ordinal, que tem até um nome especial: **épsilon zero**: ε_0.

E começa tudo de novo:

$$\varepsilon_0 + 1, \ \varepsilon_0 + 2, \ \varepsilon_0 + 3, \ ...$$

Esta cadeia não tem fim, e nos faz acreditar que aí estão **todos** os ordinais.

Puro engano.

Na verdade, esta gigantesca lista, da qual apresentamos apenas o início, só tem ordinais finitos ou enumeráveis.

Isto é fácil de demonstrar porque as três operações que definimos só geram ordinais finitos ou enumeráveis, uma vez que, valendo o Axioma da Escolha, a união enumerável de enumeráveis é enumerável (confira na seção 3.2) (pág. 64).

Entretanto, ordinais infinitos e não enumeráveis realmente existem, e um modo de localizar um deles tem os seguintes passos:

Passo 1. No próximo capítulo, sobre cardinais, vamos descobrir que o conjunto $\mathbb{P}(\mathbb{N})$ é infinito e não enumerável (teorema 5.2.3).

Passo 2. O teorema 5.1.2 acha para $\mathbb{P}(\mathbb{N})$ um ordinal equipotente a ele.

Mas sempre é bom enfatizar: esse tal ordinal, infinito e não enumerável, **não é** conseguido com as operações de soma, produto ou exponenciação sobre ordinais menores que ele.

Capítulo 5

CARDINAIS

5.1 A definição de número cardinal

Nesta seção vamos trabalhar os dois últimos passos da criação do conceito de número cardinal, definidos na seção 4.1 (pág. 78). Segundo aquele planejamento, a cada conjunto deverá ser associado um único ordinal, que será chamado de cardinal, e que será igual ao cardinal de qualquer outro conjunto equipotente a ele.

Para selecionar um ordinal especial, dentre todos os ordinais equipotentes a um dado conjunto, basta lembrar que a ordem de pertinência nos ordinais é uma boa ordem (teorema 4.2.9) (pág. 84). Consequentemente, existe o menor dos ordinais equipotentes ao dado conjunto. A definição de número cardinal segue esta ideia.

Definição. Um ordinal é chamado de **número cardinal**, ou simplesmente **cardinal**, ou **ordinal inicial**, se não for equipotente a nenhum outro ordinal estritamente menor que ele.

Vamos começar com os primeiros exemplos de números cardinais:

Teorema 5.1.1. *Os números naturais e ω são números cardinais.*

O próximo teorema mostra que seguimos em nosso planejamento.

Teorema 5.1.2. *Dado um conjunto X, existe um* ***único*** *número cardinal equipotente a X.*
Demonstração:

(**existência**)
Pelo Princípio da Boa Ordem, existe uma boa ordem para X. Pelo teorema 4.3.10 (pág. 93) existe um ordinal α similar a X. Então o conjunto $A = \{\delta \leq \alpha \ / \ \delta \equiv X\}$ é não vazio e, portanto, tem um menor elemento α_0. Falta provar que α_0 é um ordinal inicial. Seja então $\beta \leq \alpha_0$ com $\beta \equiv \alpha_0$. Então $\beta \equiv X$, pois $\alpha_0 \equiv X$. Logo $\beta \in A$ e, portanto, $\alpha_0 \leq \beta$ pela minimalidade de α_0. Então $\beta = \alpha_0$. Consequentemente, não existe ordinal estritamente menor que α_0 e equipotente a α_0, ou seja: α_0 é um ordinal inicial.

(**unicidade**)
Se α e β forem cardinais equipotentes a X então $\alpha \equiv \beta$. Mas como ambos são ordinais **iniciais**, pela Tricotomia dos Ordinais as opções $\alpha < \beta$ e $\beta < \alpha$ são eliminadas, restando apenas $\alpha = \beta$. ■

Temos agora base para definir o **cardinal de um conjunto**.

Definição. O único número cardinal equipotente a X, que existe pelo teorema 5.1.2, é chamado de **Cardinal de** X e denotado $\overline{\overline{X}}$.

As **duas barras** são sugestão de Cantor para indicar **dois níveis de abstração** no seguinte sentido: Seja X um conjunto que, além de uma ordem, tenha, possivelmente, outras estruturas. $\overline{X}$ denotaria então o conjunto X somente com a estrutura de ordem, abstraindo-se as outras estruturas, ou seja: o ordinal similar a X. Abstraindo-se, em seguida, a estrutura de ordem de X chega-se a $\overline{\overline{X}}$, que é o conjunto X puro, com a única característica que lhe restou: seu tamanho, ou seja: o cardinal de X.

Finalmente, a conclusão do passo 5 do planejamento da página 78.

Teorema 5.1.3. *Dois conjuntos têm o mesmo cardinal, se e somente se, são equipotentes.*

Use a Tricotomia de Ordinais para provar o teorema abaixo.

Teorema 5.1.4. *O cardinal de um ordinal inicial é o próprio ordinal. Em particular:* $(\forall n \in \omega)(\overline{\overline{n}} = n)$ *e* $\overline{\overline{\omega}} = \omega$.

Teorema 5.1.5. *Se α é cardinal infinito, então α é ordinal limite.*
Demonstração:

1. Se, por absurdo, $\alpha = \beta'$ então, β também é infinito e pelo teorema 4.3.13 (pág. 95), $\beta \equiv \alpha$.
2. Então, α é equipotente a um ordinal menor. Contradição, pois α é ordinal inicial.
3. Como α é infinito e não sucessor, α tem que ser ordinal limite. ■

Antes de encerrarmos esta seção, é necessário chamar a atenção para um detalhe importante: Dado um conjunto X, seu cardinal $\overline{\overline{X}}$ existe, **se e somente se**, X tem uma boa ordem. Então,

Se quisermos que **todos** os conjuntos tenham um cardinal, é **necessário** admitir o Axioma da Escolha.

Por outro lado, os ordinais, e em particular os ordinais iniciais, são construídos **sem** o uso do AE.

5.2 Cantor-Schröder-Bernstein (CSB)

Os resultados apresentados nesta seção ficam mais elegantes com a definição de uma relação entre conjuntos que é quase uma relação de ordem, pois é reflexiva e transitiva. A propriedade que se assemelha à antissimétrica é exatamente a afirmação do teorema de Cantor-Schröder-Bernstein que dá nome à seção.

Definição: Dados dois conjuntos X e Y então:

1. $X \preceq Y$ se existe $f : X \longrightarrow Y$ injetora, ou , equivalentemente, se X é equipotente a um subconjunto de Y.
2. $X \prec Y$ se $X \preceq Y$ com X e Y **não equipotentes**, ou seja: $\exists f : X \longrightarrow Y$ 1 a 1 mas $\nexists g : X \longrightarrow Y$ 1 a 1 **e sobre**.

Teorema 5.2.1. *Se* $f : \mathbb{P}(X) \longrightarrow \mathbb{P}(X)$ *é não decrescente, com relação à ordem* $\subseteq$, *i.e:*

$$(\forall A, B \in \mathbb{P}(X))(A \subseteq B \longrightarrow f(A) \subseteq f(B)),$$

então f *tem um ponto fixo.*

Demonstração:

1. Seja $S = \{A \subseteq X \ / \ A \subseteq f(A)\}$ e seja $D = \bigcup S$.
2. $A \in S \Longrightarrow A \subseteq D$ pelo teorema 2.5.2 (pág. 23). Logo, $A \subseteq f(A) \subseteq f(D) \Longrightarrow A \subseteq f(D)$.
3. $x \in D \Longrightarrow x \in A \in S \Longrightarrow x \in f(D)$ por (2). Portanto $D \subseteq f(D)$.
4. De (3) sai que $f(D) \subseteq f(f(D)) \Longrightarrow f(D) \in S \Longrightarrow$ $\Longrightarrow f(D) \subseteq D$ pelo teorema 2.5.2 (pág. 23).
5. (3) e (4) implicam em $f(D) = D$. ■

O teorema que dá nome à seção foi publicado inicialmente por Cantor em 1887 [4], mas sua demonstração Cantor só apresentou em 1895 onde usava um resultado que é equivalente ao Axioma da Escolha.

Mas em 1897, independentemente, dois alemães, Ernst Schröder e Felix Bernstein, provaram o teorema **sem usar o Axioma da Escolha**. Por estas razões o teorema tem este nome. A demonstração que vamos apresentar é devida a Tarski.

Teorema 5.2.2. ***Cantor-Schröder-Bernstein, (CSB)***
Dados dois conjuntos X e Y, se $X \preceq Y$ e $Y \preceq X$ então $X \equiv Y$, ou seja: se X é equipotente a um subconjunto de Y, e se Y é equipotente a um subconjunto de X, então X e Y são equipotentes.
Demonstração:

1. Como $X \preceq Y$, existe $f : X \longrightarrow Y$ 1 a 1, e como $Y \preceq X$, existe $g : Y \longrightarrow X$ 1 a 1.
2. Seja $h : \mathbb{P}(X) \longrightarrow \mathbb{P}(X)$ definida por $h(A) = g(Y - f(X - A))$.
3. Afirmativa: h é não decrescente com relação à ordem $\subseteq$.
   $A \subseteq B \subseteq X \Longrightarrow X - B \subseteq X - A \Longrightarrow f(X - B) \subseteq f(X - A) \Longrightarrow$
   $\Longrightarrow Y - f(X - A) \subseteq Y - f(X - B) \Longrightarrow$
   $\Longrightarrow g(Y - f(X - A)) \subseteq g(Y - f(X - B)) \Longrightarrow h(A) \subseteq h(B)$.
4. Pelo teorema 5.2.1, h tem um ponto fixo A_0, ou seja:
   $A_0 = h(A_0) = g(Y - f(X - A_0))$.
5. Como g é 1 a 1, existe sua inversa g^{-1} com domínio Im g. Então:
   5.1. $g^{-1}(A_0) = (Y - f(X - A_0))$.
   5.2. $g^{-1}(A_0) \cup f(X - A_0) = Y$.
   5.3. $g^{-1}(A_0) \cap f(X - A_0) = \varnothing$.
6. Como $A_0 \subseteq \text{Im } g$, fica bem definida a seguinte função $F : X \longrightarrow Y$:

$$F(x) = \left\{ \begin{array}{lll} f(x) & \text{se} & x \in X - A_0 \\ g^{-1}(x) & \text{se} & x \in A_0 \end{array} \right\}$$

7. F é 1 a 1 por (5.3) e porque f e g^{-1} são 1 a 1.
8. O fato 5.2 mostra que F é sobre.
9. Então F é bijeção e, portanto, $X \equiv Y$. ■

Há outro teorema envolvendo a relação $\prec$ que é, talvez, mais famoso que este que acabamos de mostrar. Sua mais importante consequência está no fato de que, com ele, se consegue uma cadeia de cardinais de conjuntos que cresce indefinidamente, cada conjunto estritamente maior (não equipotente) que o anterior. O genial Cantor foi o criador desta maravilha, publicada em 1891 [5], com um argumento que é, curiosamente, muito semelhante ao usado para construir o paradoxo de Russell, desconhecido por Cantor. Em justa homenagem, o teorema tem o seu nome.

Teorema 5.2.3. *(**Teorema de Cantor**) Se X é um conjunto, então $X \prec \mathbb{P}(X)$.*
Demonstração:

Como o caso $X = \varnothing$ é trivial, suponha $X \neq \varnothing$. Então a função $f : X \longrightarrow \mathbb{P}(X)$ definida por $f(x) = \{x\}$ é 1 a 1 e mostra que $X \preceq \mathbb{P}(X)$. Para mostrar que X e $\mathbb{P}(X)$ não são equipotentes, é preciso provar que não existe função sobre, de X em $\mathbb{P}(X)$.
Seja, então $f : X \longrightarrow \mathbb{P}(X)$, e seja $A = \{x \in X \ / \ x \notin f(x)\}$.
Se, por absurdo, f for sobre, existe $a \in X$ tal que $f(a) = A$.
E é simples mostrar que $a \in f(a) \Longleftrightarrow a \notin f(a)$. Contradição. ■

A correspondência entre a relação $\prec$, para conjuntos, e a relação de ordem dos ordinais é dada pelo próximo teorema.

Teorema 5.2.4. *Se $\overline{\overline{X}}$ e $\overline{\overline{Y}}$ existem, então $\overline{\overline{X}} < \overline{\overline{Y}} \Longleftrightarrow X \prec Y$.*
Demonstração:

($\Longrightarrow$)

1. Sejam $f : X \longrightarrow \overline{\overline{X}}$ e $g : \overline{\overline{Y}} \longrightarrow Y$ as bijeções que existem pela definição de cardinal.
2. Como, por hipótese, $\overline{\overline{X}} \subsetneq \overline{\overline{Y}}$, fica bem definida a função $h : X \longrightarrow Y$ por $h(x) = g(f(x))$.

3. h é 1 a 1 pois f e g são 1 a 1. Consequentemente, $X \preceq Y$.
4. Como, por hipótese, $\overline{\overline{X}} \neq \overline{\overline{Y}}$, X e Y não são equipotentes, ou seja: $X \prec Y$.

($\Longleftarrow$)

1. Por hipótese, X e Y não são equipotentes. Logo, $\overline{\overline{X}} \neq \overline{\overline{Y}}$.
2. Então, pela Tricotomia dos Ordinais, ou $\overline{\overline{Y}} < \overline{\overline{X}}$ ou $\overline{\overline{X}} < \overline{\overline{Y}}$.
3. Se $\overline{\overline{Y}} < \overline{\overline{X}}$ então, pela primeira parte da demonstração, $Y \prec X$.
4. Logo, por CSB, $X \equiv Y$. Contradição.
5. Sobrou $\overline{\overline{X}} < \overline{\overline{Y}}$. ■

Abaixo mais uma proposição equivalente ao Axioma da Escolha. As duas implicações da equivalência são os meta-teoremas 18 e 19. Este último está na página 131.

Lei da Tricotomia dos Conjuntos. Se X e Y são conjuntos, então: $X \prec Y$ ou $Y \prec X$ ou $X \equiv Y$.

Meta-Teorema 18. Princípio da Boa Ordem $\Longrightarrow$ Lei da Tricotomia dos Conjuntos.
Demonstração:

Pelo Princípio da Boa Ordem, os cardinais $\overline{\overline{X}}$ e $\overline{\overline{Y}}$ existem. Pela Tricotomia dos Ordinais, ou $\overline{\overline{X}} < \overline{\overline{Y}}$ ou $\overline{\overline{Y}} < \overline{\overline{X}}$ ou $\overline{\overline{X}} = \overline{\overline{Y}}$. Então, pelos teoremas 5.1.3 e 5.2.4, a tese segue. ■,

Nota: Observe que, se α e β são números cardinais, então, pela Tricotomia dos Ordinais, ou $\alpha < \beta$ ou $\beta < \alpha$ ou $\alpha = \beta$, e este fato, que se parece muito com o que acabamos de provar, é consequência **apenas** dos 10 axiomas de ZF, sem o AE.

O teorema de Cantor, mostra que existem infinitos cardinais, mas o mais importante deles certamente é ω, o primeiro cardinal infinito, já que os ordinais menores que ele, os números naturais, são finitos. Por esta razão a comunidade matemática quis dar a ω um símbolo especial quando estiver se referindo a ele como um cardinal. Mas como as letras gregas já foram usadas e como as góticas, como veremos mais adiante, são usadas para representar os cardinais em geral, pensou-se nas letras hebraicas. Assim, ω, quando estiver sendo usado como um cardinal, é denotado pela primeira letra hebraica $\aleph$ (pronuncia-se álef). E como é o **primeiro** cardinal infinito, usa-se o índice zero: $\aleph_0$. O conjunto dos naturais tem, deste modo, três símbolos:

$\mathbb{N}$ .... para indicar o conjunto puro, sem estrutura.
ω .... para indicar o conjunto como um ordinal, e
$\aleph_0$ .... para indicar o conjunto como o primeiro cardinal infinito.

Voltando à cadeia infinita de ordinais descrita na seção 4.7, e que inclui o ordinal epsilon zero, lembre-se que comentamos que **todos** os ordinais infinitos daquela cadeia são enumeráveis, ou seja: todos eles têm **o mesmo cardinal** $\aleph_0$. Para conseguir um ordinal acima de todos aqueles ordinais basta usar o Teorema de Cantor 5.2.3 para ver que o cardinal $\overline{\overline{\mathbb{P}(\mathbb{N})}}$ é infinito e não enumerável, e, portanto, está acima de toda aquela cadeia. E se existe um cardinal infinito e não enumerável, então existe o menor deles que é, consequentemente, o **segundo cardinal infinito**. Este cardinal, logicamente, recebe o símbolo $\aleph_1$ e é, portanto, o supremo daquela cadeia infinita de ordinais.

O terceiro cardinal infinito é $\aleph_2$, o quarto é $\aleph_3$ e assim por diante. É possível definir, de modo rigoroso, esta sequência de $\aleph_n$'s, com o índice correndo agora todos os **ordinais**.

Observe que, inicialmente, os $\aleph_\alpha$ são só ordinais. Mais à frente vamos provar que são cardinais e, dentre os próximos teoremas, os mais interessantes são o 5.2.6 e o 5.2.9, que juntos mostram que **todos** os cardinais infinitos são exatamente estes $\aleph_\alpha$.

Definição:
1. $\aleph_0 = \omega$.
2. Se α é ordinal, então $\aleph_{\alpha'}$ = menor ordinal β tal que
   $\aleph_\alpha < \beta$ e também $\neg(\aleph_\alpha \equiv \beta)$.
3. Se λ é ordinal limite, então $\aleph_\lambda = \bigcup\{\aleph_\beta \ / \ \beta \in \lambda\}$.

Teorema 5.2.5. $(\alpha < \beta) \Longleftrightarrow (\aleph_\alpha < \aleph_\beta)$.
Demonstração:

$(\Longrightarrow)$
A prova é por Indução Transfinita 1 em β, começando com $\beta = 1$.
1. Da definição de $\aleph_{\alpha'}$ sai que $(\forall\alpha)(\aleph_\alpha < \aleph_{\alpha'})$.
2. Se $\beta = 1$ então $\alpha = 0$ e $\aleph_0 < \aleph_1$ por (1).
3. Se $\beta = \gamma'$ e $\alpha < \beta$, então $\alpha < \gamma$ ou $\alpha = \gamma$.
   3.1. $\alpha < \gamma \Longrightarrow \aleph_\alpha < \aleph_\gamma$ pela (Hip. Ind.), e como, por (1), $\aleph_\gamma < \aleph_\beta$, tem-se $\aleph_\alpha < \aleph_\beta$.
   3.2. $\alpha = \gamma \Longrightarrow \aleph_\alpha < \aleph_\beta$ por (1).
4. Se β limite $\Longrightarrow \alpha < \alpha' < \beta$. Então, $x \in \aleph_{\alpha'} \Longrightarrow x \in \aleph_\beta$,
   pois $\alpha' \in \beta$ e $\aleph_\beta = \bigcup\{\aleph_\delta \ / \ \delta \in \beta\}$.
   Então, $\aleph_{\alpha'} \subseteq \aleph_\beta$ e, portanto, por (1), $\aleph_\alpha < \aleph_{\alpha'} \leq \aleph_\beta$.
5. Logo, vale a tese para todo ordinal $\beta > \alpha$.

$(\Longleftarrow)$
Se $\beta \leq \alpha$ então, pela prova da ida $(\Longrightarrow)$, tem-se $\aleph_\beta \leq \aleph_\alpha$.
Contradição. Logo $\alpha < \beta$. ■

Teorema 5.2.6. ($\forall \alpha \in \boldsymbol{Or}$) $\aleph_\alpha$ *é número cardinal.*
Demonstração:

Prova por Indução Transfinita 1.

1. $\aleph_0 = \omega$ é cardinal pelo teorema 5.1.1 (pág. 118).

2. Supondo que $\aleph_\alpha$ é cardinal, vamos provar que $\aleph_{\alpha'}$ é cardinal.

   2.1. Pelo teorema de Cantor $\aleph_\alpha \prec \mathbb{P}(\aleph_\alpha)$.
   Logo, pelo teorema 5.2.4, $\overline{\overline{\aleph_\alpha}} < \overline{\overline{\mathbb{P}(\aleph_\alpha)}}$.

   2.2. Por hipótese $\aleph_\alpha$ é cardinal. Então, pelo teorema 5.1.4 (pág. 119), $\aleph_\alpha = \overline{\overline{\aleph_\alpha}}$.

   2.3. Seja $\gamma = \overline{\overline{\mathbb{P}(\aleph_\alpha)}}$. Então, $\aleph_\alpha < \gamma$ e, como γ é cardinal, $\aleph_\alpha \prec \gamma$.

   2.4. Então $A = \{\beta \leq \gamma \ / \ \aleph_\alpha \prec \beta\} \neq \varnothing$. Seja β_0 o menor ordinal de A.

   2.5. Afirmativa: β_0 é cardinal.

      2.5.1. Dado $\beta \leq \beta_0$ com $\beta \equiv \beta_0$, devemos provar que $\beta = \beta_0$.

      2.5.2. De $\beta \leq \beta_0 \leq \gamma$ tira-se $\beta \leq \gamma$, e de $\aleph_\alpha \prec \beta_0 \equiv \beta$ tira-se $\aleph_\alpha \prec \beta$. Logo $\beta \in A$.

      2.5.3. Então $\beta = \beta_0$ pela minimalidade de β_0. Portanto, β_0 é cardinal.

   2.6. Como $\aleph_\alpha$ e β_0 são cardinais, o fato $(\aleph_\alpha \prec \beta_0)$ e os teoremas 5.1.4 e 5.2.4 mostram que $\aleph_\alpha < \beta_0$.

   2.7. Também $\aleph_\alpha \prec \beta_0 \Longrightarrow \neg(\aleph_\alpha \equiv \beta_0)$.

   2.8. De (2.6), (2.7) e da definição de $\aleph_{\alpha'}$ conclui-se que $\aleph_{\alpha'} \leq \beta_0$. Portanto, $\aleph_{\alpha'} \leq \gamma$.

   2.9. Da definição de $\aleph_{\alpha'}$ tira-se $\aleph_\alpha < \aleph_{\alpha'}$ e $\neg(\aleph_\alpha \equiv \aleph_{\alpha'})$. Logo, $\aleph_\alpha \prec \aleph_{\alpha'}$.

   2.10. De (2.8) e (2.9) tira-se que $\aleph_{\alpha'} \in A$, ou seja: $\beta_0 \leq \aleph_{\alpha'}$ pela minimalidade de β_0.

   2.11. De (2.8) e (2.10) tira-se $\aleph_{\alpha'} = \beta_0$. Portanto, (2.5) mostra que $\aleph_{\alpha'}$ é cardinal.

3. Seja λ ordinal limite. Então, $\aleph_\lambda = \bigcup\{\aleph_\beta \ / \ \beta \in \lambda\}$ e, pela HI, $(\forall\beta < \lambda)(\aleph_\beta$ é cardinal).
3.1. Suponha, por absurdo, $(\exists\alpha \in \aleph_\lambda)(\alpha \equiv \aleph_\lambda)$. Então, $\exists f : \aleph_\lambda \longrightarrow \alpha$ bijeção.
3.2. $\alpha \in \aleph_\lambda \Longrightarrow \alpha \in \aleph_\beta$ para algum $\beta \in \lambda$, ou seja: $\alpha \subsetneq \aleph_\beta$.
3.3. Pelo teorema 5.2.5, $\aleph_\beta \subseteq \aleph_\lambda$. Seja então $g : \aleph_\beta \longrightarrow \alpha$ a restrição de f a $\aleph_\beta$.
3.4. Como g é 1 a 1, $\aleph_\beta \equiv \text{Im } g \subseteq \alpha \subsetneq \aleph_\beta$, por (3.2). Contradição, pois $\aleph_\beta$ é cardinal.
3.5. Logo, a suposição de (3.1) é mesmo falsa, e $\aleph_\lambda$ é cardinal.
4. (1), (2) e (3) mostram que $\aleph_\alpha$ é número cardinal para qualquer ordinal α. ■

Teorema 5.2.7. $(\forall\alpha \in \boldsymbol{Or})(\alpha \leq \aleph_\alpha)$.
Demonstração:

A prova é por Indução Transfinita 1 em α.
1. Como $0 < \aleph_0$, vale o teorema para $\alpha = 0$.
2. Suponha válido para α e vamos provar que vale para α'.
2.1. Da definição de $\aleph_{\alpha'}$, tem-se $\aleph_\alpha < \aleph_{\alpha'}$.
2.2. Pela Hipótese de Indução, $\alpha \leq \aleph_\alpha < \aleph_{\alpha'} \Longrightarrow \alpha' \leq \aleph_{\alpha'}$.
3. Suponha α ordinal limite e o teorema válido para todo $\beta < \alpha$.
3.1. Se, por absurdo, $\aleph_\alpha < \alpha$, então, pela hipótese de indução, $\aleph_\alpha \leq \aleph_{\aleph_\alpha}$.
3.2. Mas, pelo teorema 5.2.5, $\aleph_\alpha < \alpha \Longrightarrow \aleph_{\aleph_\alpha} < \aleph_\alpha$. Contradição. Logo, $\alpha \leq \aleph_\alpha$, pela Tricotomia dos Ordinais, e a tese vale para α ordinal limite.
4. (1), (2) e (3) provam a tese. ■

Teorema 5.2.8. *Se δ é um cardinal infinito, e se $\delta < \aleph_\alpha$ então* $(\exists\gamma < \alpha)(\delta = \aleph_\gamma)$.
Demonstração:

1. A prova é por IT1 para $\alpha \geq 1$, porque se $\alpha = 0$ então δ é finito.
2. Se $\alpha = 1$ então, $\delta < \aleph_1$ e, como $\aleph_1 = \aleph_{0'}$, tem-se $\delta \leq \aleph_0$, ou $\delta \equiv \aleph_0$.
   2.1. $(\delta \leq \aleph_0)$ e (δ é cardinal infinito) $\Longrightarrow (\delta = \aleph_0)$.
   2.2. $(\delta \equiv \aleph_0)$ e (δ é cardinal infinito) $\Longrightarrow (\delta = \aleph_0)$.
   Logo vale a tese para $\alpha = 1$.
3. Sejam $\alpha = \beta'$ e $\delta < \aleph_{\beta'}$, e suponha o teorema válido para β.
   3.1. Da definição de $\aleph_{\beta'}$ sai que $\aleph_\beta < \aleph_{\beta'}$.
   3.2. Como δ, $\aleph_\beta$ e $\aleph_{\beta'}$ são cardinais, não acontece $\aleph_\beta < \delta < \aleph_{\beta'}$.
   3.3. Se $\delta < \aleph_\beta$, então pela hipótese de indução, $(\exists\gamma < \beta < \alpha)(\delta = \aleph_\gamma)$.
   3.4. Se $\delta = \aleph_\beta$, então o γ da tese é β.
   3.5. Logo, vale o teorema para $\alpha = \beta'$.
4. Sejam α limite e $\delta < \aleph_\alpha$, e suponha o teorema válido para todo $\beta < \alpha$.
   4.1. $(\delta \in \aleph_\alpha = \bigcup\{\aleph_\lambda \ / \ \lambda < \alpha\}) \Longrightarrow (\exists\lambda < \alpha)(\delta \in \aleph_\lambda)$.
   4.2. Então, pela Hipótese de Indução, $(\exists\gamma < \lambda)(\delta = \aleph_\gamma)$.
   4.3. Mas $\gamma < \lambda < \alpha \Longrightarrow \gamma < \alpha$. Logo, vale o teorema para α.
5. (2), (3) e (4) provam que vale o teorema para todo ordinal α. ∎

O próximo teorema é a recíproca do teorema 5.2.6:

Teorema 5.2.9. *Se α é cardinal infinito então* $(\exists\gamma \in \boldsymbol{Or})(\alpha = \aleph_\gamma)$.
Demonstração:

Pelos teoremas 5.2.7 e 5.2.5, $\alpha \leq \aleph_\alpha < \aleph_{\alpha+1}$. Então, pelo teorema 5.2.8, $(\exists\gamma < \alpha + 1)(\alpha = \aleph_\gamma)$. ∎

Um conceito que se mistura ao conceito dos $\aleph$'s é uma função que foi criada pelo alemão Friedrich Hartogs em 1915. Seguindo o costume da época, de não se preocupar demasiadamente com o rigor, Hartogs, usando também a letra hebraica $\aleph$, propôs a seguinte definição:

Dado um conjunto A, $\aleph(A)$ é a coleção dos ordinais $\alpha \;/\; \alpha \preceq A$

Já sabemos que esta definição está incompleta, porque falta definir **de que conjunto** se deve extrair os ordinais α, para que se possa usar o Axioma de Separação, ZF03. Então, nossa primeira tarefa é consertar isso, ou seja: provar que a tal coleção é, de fato, um conjunto. Vamos conseguir isto via o Axioma de Substituição, ZF09.

Teorema 5.2.10. *Para todo conjunto A, $\aleph(A)$ é um conjunto de ordinais.*
Demonstração:

1. Vamos usar a fórmula $x \simeq y$ para significar "x é similar a y".
2. Seja $\varphi(x, \alpha)$ a fórmula
   "(α é ordinal) e (x é bem ordenado) e ($x \simeq \alpha$)".
3. Seja $B = \{x \subseteq A \;\;/\;\; \text{x é bem ordenado}\}$. Prove que $\varphi(x, \alpha)$ é condição funcional em B.
4. Por ZF09, $Y = \{\alpha \;/\; (\alpha \in \mathbf{Or}) \wedge (\exists x \in B)(x \simeq \alpha)\}$ é um conjunto.
5. Afirmativa: Y e $\aleph(A)$ são coleções iguais.
   5.1. $\alpha \in Y \Longrightarrow (\alpha \in \mathbf{Or})$ e $(\exists x \subseteq A)(x \simeq \alpha) \Longrightarrow$
   $\Longrightarrow (\exists x \subseteq A)(x \equiv \alpha) \Longrightarrow \alpha \preceq A \Longrightarrow \alpha \in \aleph(A)$.
   5.2. $\alpha \in \aleph(A) \Longrightarrow (\alpha \in \mathbf{Or})$ e $(\alpha \preceq A) \Longrightarrow (\exists x \subseteq A)(x \equiv \alpha) \Longrightarrow$
   $\Longrightarrow (\exists f : x \longrightarrow \alpha)$ bijeção.
   Defina em x a relação $a < b$ se $f(a) < f(b)$. Então f é uma similaridade.
   Logo, x é bem ordenado e $x \simeq \alpha$ e, portanto, $\alpha \in Y$.
   5.3. (5.1) e (5.2) mostram que as coleções Y e $\aleph(A)$ são iguais.
6. Como Y é conjunto, (5) mostra que $\aleph(A)$ também é. ∎

O próximo objetivo é provar que $\aleph(A)$ é um número cardinal. Nesta direção temos o

Teorema 5.2.11. *Para todo conjunto A, $\aleph(A)$ é um ordinal.*
Demonstração:

1. $\alpha \in \beta \in \aleph(A) \Longrightarrow \alpha$ e β são ordinais e $\alpha \subseteq \beta \preceq A \Longrightarrow \alpha \preceq A \Longrightarrow$ $\Longrightarrow \alpha \in \aleph(A)$. Logo $\aleph(A)$ é transitivo.
2. $\aleph(A)$ é conexo, pela Tricotomia dos Ordinais, pois é um conjunto de ordinais. ■

Agora um teorema que será fundamental na demonstração de que a Lei da Tricotomia dos Conjuntos implica no Princípio da Boa Ordem, completando, com o meta-teorema 18 provado acima, a equivalência destas duas fórmulas.

Teorema 5.2.12. *Para todo conjunto A, não vale $\aleph(A) \preceq A$.*
Demonstração:

Se $\aleph(A) \preceq A$, então, $\aleph(A) \in \aleph(A)$ pelo teorema 5.2.11 e a definição de $\aleph(A)$. Contradição. ■

Há duas consequências deste teorema. A primeira é a de que, mais do que ser ordinal...

Teorema 5.2.13. *Para todo conjunto A, $\aleph(A)$ é um número cardinal.*
Demonstração:

Dado um ordinal $\alpha < \aleph(A)$ tem-se $\alpha \in \aleph(A)$ pois α e $\aleph(A)$ são ordinais. Logo, $\alpha \preceq A$.
Então, usando o teorema 5.2.12, obtém-se $\neg(\alpha \equiv \aleph(A))$, ou seja: $\aleph(A)$ é cardinal. ■

A segunda consequência do teorema 5.2.12 é a recíproca do meta-teorema 18.

É importante salientar que na demonstração dos resultados que envolvem a função de Hartogs, não é usado o Axioma da Escolha ou qualquer de suas equivalências. Por isto é válido usar estes resultados na demonstração do meta-teorema 19.

Meta-Teorema 19. Lei da Tricotomia dos Conjuntos $\Longrightarrow$ Princípio da Boa Ordem.
Demonstração:

Seja A um conjunto. Como não vale $\aleph(A) \preceq A$, então, pela Tricotomia dos Conjuntos, tem de valer $A \prec \aleph(A)$, ou seja: A é equipotente a um subconjunto de $\aleph(A)$. Mas como $\aleph(A)$ é um ordinal, esta equipotência induz em A uma boa ordem. ∎

Os teoremas 5.2.9 e 5.2.13 mostram que, se A for infinito, então $\aleph(A)$ é um $\aleph$, e isto é suficiente para justificar o símbolo $\aleph$ na função de Hartogs, além de estabelecer uma forte conexão entre estes dois conceitos. Há, entretanto, outra curiosa conexão entre eles, como mostra o próximo teorema.

Teorema 5.2.14. $(\forall\alpha \in \boldsymbol{Or})(\aleph_{\alpha'} = \aleph(\aleph_\alpha))$.
Demonstração:

1. Pela definição de $\aleph_{\alpha'}$, $\aleph_\alpha < \aleph_{\alpha'}$ e, como são cardinais, $\aleph_\alpha \prec \aleph_{\alpha'}$.
2. Pela Tricotomia dos Conjuntos e pelo teorema 5.2.12 tem-se $\aleph_\alpha \prec \aleph(\aleph_\alpha)$. Logo $\neg(\aleph_\alpha \equiv \aleph(\aleph_\alpha))$.
3. Como $\aleph_\alpha$ e $\aleph(\aleph_\alpha)$ são cardinais, dos teoremas 5.1.4 (pág. 119) e 5.2.4 tira-se $\aleph_\alpha < \aleph(\aleph_\alpha)$.
4. De (2), (3) e a definição de $\aleph_{\alpha'}$ sai que $\aleph_{\alpha'} \leq \aleph(\aleph_\alpha)$.
5. Se, por absurdo, $\aleph_{\alpha'} < \aleph(\aleph_\alpha)$, então, $\aleph_{\alpha'} \in \aleph(\aleph_\alpha)$.
6. Pela definição de $\aleph(\aleph_\alpha)$, $\aleph_{\alpha'} \preceq \aleph_\alpha$. Contradição com (1). Logo a suposição de (5) é falsa.
7. De (4) e (6) conclui-se que $\aleph_{\alpha'} = \aleph(\aleph_\alpha)$. ∎

5.3 Aritmética dos cardinais de conjuntos

Como os cardinais são ordinais especiais, os ordinais iniciais, poder-se-ia usar com eles as operações de soma, produto e exponenciação definidas no capítulo 4. Cantor e Frege, no entanto, pensando no cardinal de um conjunto como seu tamanho, definiram estas operações como generalizações lógicas das correspondentes operações com os números naturais, os quais são os tamanhos dos conjuntos finitos.

A seguir as operações nos cardinais definidas por Cantor e Frege. A motivação é sempre pensando no caso finito.

1. **Soma**.

Se X tem n elementos e Y tem k elementos, a soma dos cardinais de X e Y tem de ser o cardinal de um conjunto de $n+k$ elementos. Se X e Y forem disjuntos, sua união resolve o problema. Então, no caso geral, o melhor candidato para este tal conjunto é a união disjunta $X \oplus Y$, que é definida para conjuntos quaisquer, finitos ou não. Por isto se define:

Definição: $\overline{\overline{X}} + \overline{\overline{Y}} = \overline{\overline{X \oplus Y}}$

2. **Produto**.

Se X tem n elementos e Y tem k elementos, o candidato natural para o conjunto com $n.k$ elementos é o produto cartesiano dos dois conjuntos que, novamente, é definido para conjuntos quaisquer, finitos ou não. Por isto se define:

Definição: $\overline{\overline{X}}.\overline{\overline{Y}} = \overline{\overline{X \times Y}}$

1. **Exponenciação.**

Se X tem n elementos e Y tem k elementos, o conjunto das funções $\{f : Y \longrightarrow X\}$ tem n^k elementos (Atenção para as posições aparentemente invertidas de X e Y). De fato, na montagem de f, para cada elemento y de Y, $f(y)$ tem n opções de definição. Então, existem n^k funções de Y em X. Novamente, o conjunto $\{f : Y \longrightarrow X\}$ é criado para quaisquer conjuntos X e Y, finitos ou não. Por isto se define:

Definição: $\overline{\overline{X}}^{\overline{\overline{Y}}} = \overline{\overline{\{f : Y \longrightarrow X\}}}$

Como os números cardinais foram definidos como certos ordinais, os ordinais iniciais, é natural perguntar qual a relação entre estas novas operações e as apresentadas anteriormente para ordinais.

A resposta é: **são diferentes**, e é fácil provar isto.

Note que as operações de soma e produto de cardinais de conjuntos, que acabamos de definir, são evidentemente comutativas, enquanto que as definidas para os ordinais já vimos que não são.

Para provar que a nova exponenciação não é a mesma que a definida antes, o caminho também é simples, embora um pouco mais longo. Observe primeiro que existe uma bijeção entre o conjunto das partes de X e o conjunto das funções de X em $\{0, 1\}$, onde cada subconjunto $A \subseteq X$ é associado à seguinte função, chamada de "função característica de A", e definida por

$$f(x) = \left\{ \begin{array}{ccc} 1 & \text{se} & x \in A \\ 0 & \text{se} & x \notin A \end{array} \right\}$$

Portanto, o cardinal do conjunto das partes de X é igual ao cardinal das funções de X em 2.

É melhor colocar isto como um teorema, para que possamos nos referir a este fato mais tarde.

Teorema 5.3.1. $\overline{\overline{\mathbb{P}(X)}} = \overline{\overline{\{f : X \longrightarrow \{0,1\}\}}}$.

Um caso particular deste teorema é $\overline{\overline{\mathbb{P}(\omega)}} = \overline{\overline{2}}^{\overline{\overline{\omega}}}$. E o teorema de Cantor e o teorema 5.2.4 (pág. 122) mostram, juntos, que $\overline{\overline{\omega}} < \overline{\overline{\mathbb{P}(\omega)}}$. E como 2 e ω são cardinais, têm-se: $\overline{\overline{2}} = 2$ e $\overline{\overline{\omega}} = \omega$. Portanto:

1. **com a exponenciação de cardinais de conjuntos**, $\omega < 2^\omega$.
2. **com a exponenciação de ordinais**, $2^\omega = \bigcup\{2^n \ / \ n \in \omega\} = \omega$.

Temos então, nos cardinais, **duas** operações de soma, **dois** produtos e **duas** exponenciações, as definidas para os ordinais e as definidas por Cantor e Frege. A experiência nos mostra que ambas têm sua importância, e somos então forçados a conseguir algum artifício que nos permita distinguir umas das outras. O modo mais fácil seria, talvez, usar símbolos diferentes para as operações, mas, curiosamente, a tradição manda que se use os mesmos símbolos. A solução encontrada foi então de se usar letras gregas minúsculas para os ordinais, como aliás estamos fazendo, e letras **góticas** minúsculas, como $\mathfrak{n}$ ou $\mathfrak{m}$ para os cardinais.

Diferentemente dos ordinais, as operações dos cardinais são extremamente regulares.

Teorema 5.3.2. *As operações de soma e produto dos cardinais são associativas e comutativas e o produto é distributivo em relação à soma.*

Teorema 5.3.3. *Valem as três leis dos expoentes: Dados 3 cardinais* $\mathfrak{m}$, $\mathfrak{n}$ *e* $\mathfrak{p}$, *têm-se:*
1. $\mathfrak{p}^{\mathfrak{m}+\mathfrak{n}} = \mathfrak{p}^{\mathfrak{m}}.\mathfrak{p}^{\mathfrak{n}}$.
2. $(\mathfrak{p}^{\mathfrak{m}})^{\mathfrak{n}} = \mathfrak{p}^{\mathfrak{m}.\mathfrak{n}}$.
3. $(\mathfrak{m}.\mathfrak{n})^{\mathfrak{p}} = \mathfrak{m}^{\mathfrak{p}}.\mathfrak{n}^{\mathfrak{p}}$.

Teorema 5.3.4. *Se* $\mathfrak{m}$ *é cardinal, então:*
1. $\mathfrak{m} \geq \aleph_0 \Longrightarrow \mathfrak{m} + 1 = \mathfrak{m}$.
2. $\mathfrak{m} + 0 = \mathfrak{m}$.
3. $\mathfrak{m}.1 = \mathfrak{m}$.
4. $\mathfrak{m}^2 = \mathfrak{m}.\mathfrak{m}$.
5. $\mathfrak{m}^1 = \mathfrak{m}$.
6. $\mathfrak{m}^0 = 1$.
7. $\mathfrak{m} \neq 0 \Longrightarrow 0^{\mathfrak{m}} = 0$.
Demonstração:

1. Pelo teorema 4.3.13 (pág. 95) tem-se $\mathfrak{m} \equiv \mathfrak{m} + 1$. Então $\mathfrak{m} = \mathfrak{m} + 1$.
2. a 5. são exercícios.
6. Se a função f tem domínio vazio, então $f \subseteq \varnothing \times X = \varnothing$. Logo, existe uma única função com domínio vazio, que é $\varnothing$.
7. Não existe função com domínio não vazio e imagem vazia. ■

Embora as operações dos cardinais sejam bem comportadas, como vimos acima, alguns resultados são surpreendentes, quando lidamos com cardinais infinitos. Por exemplo, uma generalização da propriedade (1) do teorema 5.3.4 nos dá o seguinte:

Teorema 5.3.5. *Se* $\mathfrak{n} < \aleph_0 \leq \mathfrak{p}$ *então* $\mathfrak{p} + \mathfrak{n} = \mathfrak{p}$.

Além disto, o que é realmente inesperado, é que muitos resultados, aparentemente sem importância maior, são tão fortes que chegam a ser **equivalentes ao Axioma da Escolha**. Neste caso estão, por exemplo, as duas propriedades abaixo.

Novamente, seguindo o hábito já estabelecido antes, vamos nomear as duas propriedades como P1 e P2 e não como teoremas.

P1. Se $\mathfrak{n} \geq \aleph_0$ e $\mathfrak{p} \geq \aleph_0$ então $\mathfrak{n}.\mathfrak{p} = \mathfrak{n} + \mathfrak{p}$.
P2. Se $\mathfrak{n} \geq \aleph_0$ então $\mathfrak{n}^2 = \mathfrak{n}$.

As demonstrações de que **P1** e **P2** são equivalentes ao **AE** não são exercícios uma vez que precisam de materiais não inclusos neste livro. Para estas e outras equivalências, sugere-se consultar o trabalho de Rubin & Rubin [15].

Teorema 5.3.6. *As três operações são crescentes, mas não estritamente crescentes.*
Dados 3 cardinais $\mathfrak{m}$, $\mathfrak{n}$ *e* $\mathfrak{p}$ *com* $\mathfrak{m} < \mathfrak{n}$ *então:*
1. $\mathfrak{m} + \mathfrak{p} \leq \mathfrak{n} + \mathfrak{p}$.
2. $\mathfrak{m}.\mathfrak{p} \leq \mathfrak{n}.\mathfrak{p}$.
3. $\mathfrak{m}^{\mathfrak{p}} \leq \mathfrak{n}^{\mathfrak{p}}$.
4. $\mathfrak{p}^{\mathfrak{m}} \leq \mathfrak{p}^{\mathfrak{n}}$.

A demonstração de que são crescentes fica como exercício e, para os exemplos de que não são estritamente crescentes, precisamos de mais um resultado curioso.

Teorema 5.3.7. *Se* $2 \leq \mathfrak{n} \leq \mathfrak{p} \geq \aleph_0$ *então* $2^{\mathfrak{p}} = \mathfrak{n}^{\mathfrak{p}}$.
Demonstração:

Uma consequência do Teorema de Cantor é $\mathfrak{p} < 2^{\mathfrak{p}}$.
Então, usando os teoremas 5.3.3, 5.3.4, 5.3.6 e (P2), $\mathfrak{n}^{\mathfrak{p}} \leq \mathfrak{p}^{\mathfrak{p}} \leq (2^{\mathfrak{p}})^{\mathfrak{p}} =$
$= 2^{\mathfrak{p}.\mathfrak{p}} = 2^{\mathfrak{p}^2} = 2^{\mathfrak{p}} \leq \mathfrak{n}^{\mathfrak{p}}$. ■

Agora podemos mostrar os exemplos de igualdade nos 4 itens do teorema 5.3.6.

1. $1 + \aleph_0 = \aleph_0 = 2 + \aleph_0$, pelos teoremas 5.3.2 e 5.3.5.
2. $2.\aleph_0 = (1 + 1).\aleph_0 = \aleph_0 + \aleph_0 = \aleph_0.\aleph_0$, pela propriedade P1 e o teorema 5.3.2.
3. $2^{\aleph_0} = 3^{\aleph_0}$, pelo teorema 5.3.7.
4. $\aleph_0^1 = \aleph_0 = \aleph_0^2$, pela propriedade P2. ■

5.4 A Hipótese do Continuum

No ano de 1874, Cantor revolucionou a matemática mostrando [3], com um argumento extremamente simples, a existência de dois conjuntos infinitos, um incomparavelmente maior que o outro: o conjunto dos números reais em (0,1) e $\mathbb{N}$.

A demonstração não exige nenhum conhecimento maior de matemática, de modo que qualquer pessoa pode perfeitamente acompanhá-la. Uma vez apresentei este argumento a uma plateia, pedindo que pensassem em um processo de comparar dois conjuntos, como por exemplo, um conjunto de moedas e um de selos, para descobrir qual era o maior, mas era **proibido contar**. Rapidamente chegaram à conclusão de que um modo era separar um par (moeda,selo) de cada vez até esgotar um dos conjuntos. Se, no final, sobrasse elemento de um dos conjuntos este seria o maior dos dois. Caso contrário, os dois conjuntos teriam o mesmo tamanho. Falei então que o que foi feito foi estabelecer uma correspondência 1 a 1 entre os conjuntos, e propus as seguintes definições:

1. Dois conjuntos têm o mesmo tamanho se **existir** uma correspondência 1 a 1 que inclua todos os elementos de cada conjunto.
2. O conjunto A é maior que o conjunto B se **qualquer** correspondência 1 a 1 entre eles deixar de fora elementos de A.

Estas definições são tão naturais que é virtualmente impossível negá-las. E o mais interessante é que elas servem para quaisquer conjuntos, finitos ou não. Para vencer a barreira do infinito basta então apresentar o exemplo de dois conjuntos que se encaixem na definição 2 acima, o que é feito com o argumento de Cantor descrito abaixo.

Estimulo o leitor a apresentar este argumento a seus amigos não matemáticos e ver suas faces se iluminarem quando perceberem que existem realmente dois infinitos, um imensamente maior que o outro.

A simplicidade do argumento é tal, que o próprio Cantor, admirado, escreveu uma carta ao amigo Dedekind, na qual mencionou a descoberta, acrescentando: "eu vejo isto e não acredito".

Cantor mostrou que qualquer função 1 a 1, de $\mathbb{N}$ para o intervalo real $(0,1)$, não é sobre. Portanto $\aleph_0 < \overline{\overline{(0,1)}}$. A demonstração começa assim: seja $f : \mathbb{N} \longrightarrow (0,1)$ função 1 a 1. Então, escrevendo os reais de $(0,1)$ em expansão decimal tem-se, com $a_{ij} \in \{0,1,2,3,4,5,6,7,8,9\}$,

$f(0) = 0, a_{00}\ a_{01}\ a_{02}\ a_{03} \ldots$
$f(1) = 0, a_{10}\ a_{11}\ a_{12}\ a_{13} \ldots$
$f(2) = 0, a_{20}\ a_{21}\ a_{22}\ a_{23} \ldots$
$f(3) = 0, a_{30}\ a_{31}\ a_{32}\ a_{33} \ldots$
e assim por diante.

Só falta achar um real em $(0,1)$ fora da lista acima. Para tal, seja $b = 0, b_0\ b_1\ b_2\ b_3\ \ldots$ onde b_i é escolhido como um algarismo qualquer, **diferente** de 0, de 9 e de a_{ii}. Pediu-se $b_i \neq 0$ para evitar $b = 0,0000\ldots = 0$. Do mesmo modo, pediu-se $b_i \neq 9$ para evitar $b = 0,99999\ldots = 1$. Então $b \in (0,1)$ e $(\forall i \in \mathbb{N})(b \neq f(i))$, porque $b_i \neq a_{ii}$, ou seja: f não é sobre. ■

Como é fácil demonstrar que $(0,1) \equiv \Re$, a prova acima mostra que $\aleph_0 < \overline{\overline{\Re}}$. E como o conjunto dos reais também é chamado de **continuum**, adotou-se a letra $\mathfrak{c}$, gótica, para designar o cardinal de $\Re$. Assim, o resultado de Cantor pode ser escrito como $\aleph_0 < \mathfrak{c}$. Na página 124 apresentamos o cardinal $\aleph_1$ como o segundo cardinal infinito, ou o **primeiro** cardinal infinito não enumerável. Então, uma consequência da prova de Cantor descrita acima é $\aleph_1 \leq \mathfrak{c}$.

Cantor, ao chegar a esta desigualdade, conjecturou que, na realidade, ali valesse a igualdade, e a esta conjectura deu o nome de **Hipótese do Continuum**, ou simplesmente HC:

$$\aleph_1 = \mathfrak{c}$$

Cantor tentou, sem sucesso, provar esta igualdade. Assim como ele, todos os outros que também tentaram provar, falharam. O problema ficou tão interessante, que Hilbert, no congresso de Paris de 1900, lançou esta conjectura como o **primeiro** de um conjunto de 23 problemas que, segundo ele, iriam orientar a matemática nos anos seguintes.

O problema continuou sem solução até 1938, quando Gödel mostrou [11] que, assim como o Axioma da Escolha, a Hipótese do Continuum também é consistente com os demais axiomas de ZF. Ou seja: não se pode provar, em ZF, que a HC é falsa ou, equivalentemente, ZF + HC não produz paradoxos, a menos que ZF sozinha já seja inconsistente. Mas, também como o AE, a comunidade continuava sem saber se a Hipótese do Continuum era consistente com ZF porque era um teorema de ZF, ou porque era independente de ZF. E, se fosse um teorema, continuava faltando sua demonstração. Quer dizer: a agonia não tinha terminado.

A solução final só veio em 1963, com o trabalho de Cohen [7], que provou que em ZF não se pode provar que HC é verdadeira, a mesma conclusão obtida, no mesmo trabalho, para o Axioma da Escolha. Este resultado, junto ao obtido por Gödel, mostrou que HC é **independente de ZF**.

Fica, portanto, a critério de cada um, adotar ou não, HC como verdadeira em ZF. Qualquer dos dois caminhos será livre de contradições, a menos, é claro, que a própria Teoria ZF seja inconsistente.

Entretanto, a maioria dos matemáticos prefere adotar a igualdade $\aleph_1 = \mathfrak{c}$ por várias razões. Entre elas:

1. Se, ao contrário, valer a desigualdade, então não se consegue nem localizar onde, na cadeia de cardinais, se encontra $\mathfrak{c}$. A rigor, em ZF+AE sem HC, o cardinal dos reais $\mathfrak{c}$ (que mais abaixo vamos provar ser igual a $2^{\aleph_0}$) pode ser $\aleph_n$ para qualquer n natural [19]. A consequência é um descontrole total sobre o conjunto dos reais.

2. Se $\aleph_1 < \mathfrak{c}$ então o conjunto dos reais tem um estranho subconjunto A de cardinal $\aleph_1$, ou seja: infinito, não enumerável, mas não equipotente a $\Re$. Se a vida já é ruim com os grandes desconhecidos números transcendentais, que são maioria em $\Re$, que dirá com mais este fantasmagórico A, imenso, lá dentro.

3. Vários resultados interessantes de Topologia e da Teoria da Medida ficariam de fora sem a Hipótese do Continuum.

E para fechar esta seção, e o livro, o próximo teorema gerará uma fórmula mais elegante para a Hipótese do Continuum.

Teorema 5.4.1. $\mathfrak{c} = 2^{\aleph_0}$.
Demonstração:

Seja $X = \{f : \mathbb{N} \longrightarrow 2\}$. Seja $\{a_0, a_1, a_2, ...\}$ a imagem de $f \in X$, onde $f(i) = a_i$. Esta imagem é chamada de sequência binária e é naturalmente associada ao número real $x = 0, a_0a_1a_2...$ de $[0, 1]$, aqui representado por sua expansão binária. Esta associação não é 1 a 1 porque alguns números têm duas representações, como por exemplo, 0,011111... = 0,100000..., da mesma forma que, na expansão decimal, 0,059999... = 0,060000... Usamos o intervalo fechado $[0, 1]$ porque $0 = 0, 0000...$ e $1 = 0, 1111...$

Seja $F : [0, 1] \longrightarrow X$ definida da seguinte forma: dado $x \in [0, 1]$, seja $0, a_0a_1a_2...$ a expansão binária de x que não termina com tudo 1. Então $F(x) = \{< i, a_i > \ / \ i \in \mathbb{N}\}$, ou seja: $F(x)$ é a função de X cuja imagem é $\{a_0, a_1, a_2, ...\}$. Como F é evidentemente 1 a 1, conclui-se que $[0, 1] \preceq X$.

Seja $A \subseteq X$ o conjunto das funções de X cujas imagens são sequências binárias terminando com tudo 1. Em outras palavras: $(\forall f \in A)(\exists k \in \mathbb{N})(\forall i \geq k)(f(i) = 1)$. Então, os números reais de $[0, 1]$ associados às funções de A têm só uma representação binária, assim como os números reais de $[0, 1]$ associados às funções de $X - A$. Seja então $F : X \longrightarrow [0, 3]$ definida por:

$$F(f) = \left\{ \begin{array}{lll} 0, a_0a_1a_2... & \text{se} & f \notin A \\ 2, a_0a_1a_2... & \text{se} & f \in A \end{array} \right\}$$

onde, mais uma vez, usamos a notação $a_i = f(i)$. É imediato que F é 1 a 1 porque, se $F(f) = F(g)$ então ou ($f \in A$ e $g \in A$) ou ($f \notin A$ e $g \notin A$). E se F é 1 a 1, então $X \preceq [0, 3]$. Ora, como é fácil provar que $[0, 1] \equiv [0, 3]$, concluímos que $X \preceq [0, 1]$.

Este resultado, junto com o obtido no parágrafo anterior, prova que $X \equiv [0,1]$, usando CSB. E como sabemos que $\overline{\overline{X}} = 2^{\aleph_0}$, concluimos que $\overline{\overline{[0,1]}} = 2^{\aleph_0}$.

Finalmente, $\mathfrak{c} = \overline{\overline{\Re}} = \overline{\overline{[0,1]}} = 2^{\aleph_0}$. ■

Com base neste teorema podemos escrever:

Hipótese do Continuum:

$$\aleph_1 = 2^{\aleph_0}$$

REFERÊNCIAS BIBLIOGRÁFICAS

[1] Burali-Forti, Cesare: *Una Questione sui numeri transfiniti, 1897*

[2] Bernays, Paul: *A System of Axiomatic Set Theory, Journal of Symbolic Logic, Vol. 7 (1942) pp. 65-89*

[3] Cantor, George: *Über eine Eigenschaft des Inbegriffes aller reellen algebraischen Zahlen, 1874*

[4] Cantor, George: *Mitteilungen zur Lehre vom Transfiniten, 1887*

[5] Cantor, George: *Über eine elementare Frage der Mannigfaltigkeitslehre, 1891*

[6] Cantor, George: *Beiträge zur Begründung der transfiniten Mengenlehre, 1895*

[7] Cohen, Paul: *The Independence of the Continuum Hypothesis, 1963*

[8] Dedekind, Richard: *Was sind und was sollen die Zahlen?, 1888*

[9] Fraenkel, Abraham: *Zu den Grundlagen der Cantor-Zermeloschen Mengenlehre, 1922*

[10] Frege, Gottlob: *Grundgesetze der Arithmetic, 1893*

[11] Gödel, Kurt: *The Consistency of the Axiom of Choice and of the Generalized Continuum Hypothesis with the Axioms of Set Theory, 1938*

[12] Mendelson, Elliott: *Introduction to Mathematical Logic, 1964*

[13] von Neumann, Johann: *Zur Einführung der transfiniten Zahlen, 1923*

[14] Peano, Giuseppe: *Démonstration de l'intégrabilité des équations différencielles ordinaires, 1890*

[15] Rubin, Herman e Rubin, Jean: *Equivalents of the Axiom of Choice, II, 1985*

[16] Tarski, Alfred: *Sur les ensembles finis, 1924*

[17] Zermelo, Ernst: *Beweis, das jede Menge wohlgeordnet werden kann, 1904*

[18] Zermelo, Ernst: *Untersuchungen über die Grundlagen der Mengenlehre, 1908*

[19] Solovay,Robert: $2^{\aleph_0}$ *can be anything it ought to be, in The Theory of Models, Proceedings of the 1963 International Symposium at Berkeley. Amsterdam, North-Holland, 1965, Addison, Henkin, Tarski, eds., pg. 435.*

SÍMBOLOS USADOS

símbolo - descrição - página da definição

$/$ - Tal que (na descrição de um conjunto) - 2
$\vee$ - Ou - 6
$\wedge$ - E - 6
$\neg$ - Não - 6
$\forall$ - Qualquer que seja - 6
$\exists$ - Existe - 6
$\nexists$ - Não existe - 6
$\in$ - Pertence a - 6
$\notin$ - Não pertence a - 6
$\longrightarrow$ - Implica em (em fórmulas) - 6
$\longleftrightarrow$ - Se e só se (em fórmulas) - 6
MP - "Modus Ponens" - 7
G - "Generalização" - 7
$\blacksquare$ - Fim de demonstração - 9
$\subseteq$ - É subconjunto de, ou é igual a - 16
$\subsetneq$ - É subconjunto próprio de - 16
$\Longrightarrow$ - Implica em (em demonstrações) - 17
$\Longleftrightarrow$ - Se e só se (em demonstrações) - 17
$\varnothing$ - Conjunto vazio - 17
$\cap$ - Intersecção de dois conjuntos - 19
$\cup$ - União de dois conjuntos - 19

ÍNDICE REMISSIVO

ANOTAÇÕES

Impressão e acabamento
Gráfica da Editora Ciência Moderna Ltda.
Tel: (21) 2201-6662